essentials

essentials liefern aktuelles Wissen in konzentrierter Form. Die Essenz dessen, worauf es als „State-of-the-Art“ in der gegenwärtigen Fachdiskussion oder in der Praxis ankommt. *essentials* informieren schnell, unkompliziert und verständlich

- als Einführung in ein aktuelles Thema aus Ihrem Fachgebiet
- als Einstieg in ein für Sie noch unbekanntes Themenfeld
- als Einblick, um zum Thema mitreden zu können

Die Bücher in elektronischer und gedruckter Form bringen das Fachwissen von Springerautor*innen kompakt zur Darstellung. Sie sind besonders für die Nutzung als eBook auf Tablet-PCs, eBook-Readern und Smartphones geeignet. *essentials* sind Wissensbausteine aus den Wirtschafts-, Sozial- und Geisteswissenschaften, aus Technik und Naturwissenschaften sowie aus Medizin, Psychologie und Gesundheitsberufen. Von renommierten Autor*innen aller Springer-Verlagsmarken.

Weitere Bände in der Reihe http://www.springer.com/series/13088

Susanne Schindler-Tschirner ·
Werner Schindler

Mathematische Geschichten IV – Euklidischer Algorithmus, Modulo-Rechnung und Beweise

Für begabte Schülerinnen und Schüler in der Unterstufe

Susanne Schindler-Tschirner
Sinzig, Deutschland

Werner Schindler
Sinzig, Deutschland

ISSN 2197-6708 ISSN 2197-6716 (electronic)
essentials
ISBN 978-3-658-33924-1 ISBN 978-3-658-33925-8 (eBook)
https://doi.org/10.1007/978-3-658-33925-8

Die Deutsche Nationalbibliothek verzeichnet diese Publikation in der Deutschen Nationalbibliografie; detaillierte bibliografische Daten sind im Internet über http://dnb.d-nb.de abrufbar.

Planung/Lektorat: Iris Ruhmann
Springer Spektrum ist ein Imprint der eingetragenen Gesellschaft Springer Fachmedien Wiesbaden GmbH und ist ein Teil von Springer Nature.
Die Anschrift der Gesellschaft ist: Abraham-Lincoln-Str. 46, 65189 Wiesbaden, Germany

Was Sie in diesem *essential* finden können

- Lerneinheiten in Geschichten
- Euklidischer Algorithmus
- Binomische Formeln
- Modulo-Rechnung
- Stellenwertsysteme
- Beweise
- Musterlösungen

Vorwort

Die Bände I und II der „Mathematischen Geschichten" (Schindler-Tschirner und Schindler 2019a; Schindler-Tschirner und Schindler 2019b) waren auf die Grundschule zugeschnitten und richteten sich an mathematisch begabte Schülerinnen und Schüler der Klassenstufen 3 und 4. Die positive Resonanz hat uns ermutigt, die Reihe thematisch fortzusetzen. Dieses *essential* und Band III der „Mathematischen Geschichten" (Schindler-Tschirner und Schindler 2021) richten sich an mathematisch begabte Schülerinnen und Schüler der Unterstufe (Klassenstufen 5 bis 7). Sie können aber auch von älteren Schülerinnen und Schülern mit Gewinn bearbeitet werden.

Wir haben uns entschieden, Konzeption und Ausgestaltung der Grundschulbände fortzuführen. In beiden *essentials* wird die bewährte Struktur beibehalten. In sechs Aufgabenkapiteln werden anhand anspruchsvoller Aufgaben mathematische Techniken erarbeitet und an anspruchsvollen Aufgaben angewandt. Weitere sechs Kapitel enthalten ausführlich besprochene Musterlösungen und Ausblicke über den Tellerrand. Der Erzählkontext ist auf die ältere Zielgruppe zugeschnitten.

Auch mit diesem *essential* möchten wir einen Beitrag leisten, Interesse und Freude an der Mathematik zu wecken und mathematische Begabungen zu fördern.

Sinzig
im März 2021

Susanne Schindler-Tschirner
Werner Schindler

Inhaltsverzeichnis

Einführung

1

Dem Einführungskapitel folgen Teil I mit sechs Aufgabenkapiteln und Teil II mit sechs ausführlichen Musterlösungskapiteln, die zudem didaktische Anregungen, mathematische Zielsetzungen und Ausblicke enthalten. Dieses *essential* und Band III (Schindler-Tschirner und Schindler 2021) richten sich an Leiterinnen und Leiter[1] von Arbeitsgemeinschaften, Lernzirkeln und Förderkursen für mathematisch begabte Schülerinnen und Schüler der Unterstufe, an Lehrkräfte, die differenzierenden Mathematikunterricht praktizieren, an Lehramtsstudierende, aber auch an engagierte Eltern für eine außerschulische Förderung. Die Musterlösungen sind auf die Leitung von klassenstufenübergreifenden AGs zugeschnitten; sie können aber auch Eltern als Leitfaden dienen, die dieses Buch gemeinsam mit ihren Kindern durcharbeiten. Im Aufgabenteil wird der Leser mit „du", im Anweisungsteil mit „Sie" angesprochen.

1.1 Mathematische Ziele

In diesem *essential* setzen wir das Konzept der Mathematischen Geschichten I, II und III (2019a, 2019b, 2021) fort. Wie in Band III sind mathematisch begabte Schüler in der Unterstufe die Zielgruppe. Die „natürliche" Reihenfolge besteht darin, mit Band III zu beginnen. Es kann Band IV aber auch vor Band III bearbeitet werden. Ebenso wie die Vorgängerbände geht auch dieses *essential* nicht weiter auf allgemeine didaktische Überlegungen und Theorien zur Begabtenförderung ein, auch wenn

[1] Um umständliche Formulierungen zu vermeiden, wird im Folgenden meist nur die maskuline Form verwendet. Dies betrifft Begriffe wie Lehrer, Kursleiter, Schüler etc. Gemeint sind jedoch immer alle Geschlechter.

S. Schindler-Tschirner und W. Schindler, *Mathematische Geschichten IV – Euklidischer Algorithmus, Modulo-Rechnung und Beweise,* essentials,
https://doi.org/10.1007/978-3-658-33925-8_1

das Literaturverzeichnis für den interessierten Leser eine Auswahl einschlägiger didaktikorientierter Publikationen enthält.

Im Zentrum dieses *essentials* stehen die Aufgaben und deren Musterlösungen. Allerdings liegt der Fokus auch auf dem Erarbeiten und Erlernen der zur Bewältigung der Aufgaben notwendigen mathematischen Methoden und Techniken. Im Sinne der Nachhaltigkeit ist der zweite Aspekt mindestens ebenso wichtig wie der erste. Damit unterscheidet sich dieses *essential* (wie die Vorgängerbände) grundlegend von manchen reinen Aufgabensammlungen, die interessante und keineswegs triviale Mathematikaufgaben „zum Knobeln" enthalten, bei denen aus unserer Sicht aber das gezielte Erlernen und Anwenden von mathematischen Techniken zu kurz kommen.

In diesem *essential* findet der Leser sorgfältig ausgearbeitete Lerneinheiten, die neben den Aufgaben und den mathematischen Techniken ausführliche Musterlösungen enthalten. Hinzu kommen konkrete didaktische Anregungen zur Umsetzung in einer Begabten-AG, einem Lernzirkel oder zu einer individuellen Förderung. Der Erzählkontext aus Band III wird fortgesetzt, und der Schwierigkeitsgrad der Aufgaben wird beibehalten.

Die Arbeit mit diesem *essential* setzt keine besonderen Mathematiklehrbücher in der Grundschule oder der Unterstufe voraus. Wie im dritten Band wird an einigen Stellen die Fähigkeit benötigt, einfache Gleichungen formal umzuformen.

Es erschien den Autoren wenig sinnvoll, lediglich etwas kompliziertere Aufgabenstellungen als im Schulunterricht zu besprechen. Stattdessen enthält dieses *essential* wie die Vorgängerbände I, II und III Aufgaben, die das mathematische Denken der Schüler fördern und Ausdauer erfordern. Diese Aufgaben haben im Schulunterricht normalerweise kaum Vorbilder und können auch von mathematisch begabten Schülern nicht „einfach so" gelöst werden.

Die Schüler werden in den Aufgabenkapiteln hingeführt, die Lösungen möglichst selbstständig (wohl aber mit gezielten Hilfen des Kursleiters!) zu erarbeiten. Die Lösung der gestellten Aufgaben erfordert ein hohes Maß an mathematischer Phantasie und Kreativität, die durch die Beschäftigung mit mathematischen Problemen gefördert werden. Wie in den Vorgängerbänden werden die Schüler auch hier sehr schnell die Erfahrung machen, dass Mathematik mehr als nur Rechnen oder das Anwenden mehr oder minder komplizierter „Kochrezepte" ist.

Alle Aufgabenkapitel beginnen mit einem alten MaRT-Fall, wobei MaRT für „Mathematische Rettungstruppe" steht (vgl. Abschn. 1.3). Alte MaRT-Fälle sind relativ anspruchsvolle Anwendungsaufgaben, die das Erlernen neuer mathematischer Techniken motivieren. Sie werden gegen Ende der Kapitel von den Schülern gelöst. Kap. 2 und 3 behandeln den Euklidischen Algorithmus, mit dem man den größten gemeinsamen Teiler von zwei natürlichen Zahlen berechnen kann. Im

Gegensatz zum Standardverfahren, das die Schüler aus dem Mathematikunterricht kennen sollten, benötigt man keine Primfaktorzerlegung, was für große Zahlen einen ganz erheblichen Vorteil darstellt. In den beiden Kapiteln wird der Euklidische Algorithmus angewendet, und es werden verschiedene Beweise geführt. Insbesondere wird die Korrektheit des Euklidischen Algorithmus bewiesen, und der Zusammenhang zwischen dem größten gemeinsamen Teiler und dem kleinsten gemeinsamen Vielfachen wird beleuchtet. In allen Aufgabenkapiteln werden Beweise geführt, und Beweise sind das verbindende Element aller vier *essentials*-Bände. Binomische Formeln sind klassischer Schulstoff, aber die Anwendungen in Kap. 4 sind dies sicher nicht, wenn man einmal von den ersten Teilaufgaben absieht, die die Schüler mit den binomischen Formeln vertraut machen bzw. diese wieder in ihr Gedächtnis zurückrufen sollen. In Kap. 4 lernen die Schüler, wie man mit binomischen Formeln Minima und Maxima von quadratischen Termen und ganzzahlige Lösungen von speziellen Gleichungen mit zwei Unbekannten bestimmen kann. In den „Mathematischen Geschichten II“ (Schindler-Tschirner und Schindler 2019b) wurden bereits elementare Anwendungen der Modulo-Rechnung behandelt. In Kap. 5 und 6 wird die Modulo-Rechnung auf negative Zahlen erweitert und thematisch vertieft. Vorkenntnisse in der Modulo-Rechnung werden aber nicht vorausgesetzt. In Kap. 5 wenden die Schüler Rechenregeln an, bearbeiten Aufgaben zur Teilbarkeit und beweisen Teilbarkeitsregeln. Der größte Teil von Kap. 6 befasst sich mit quadratischen Resten und Anwendungsaufgaben zur Existenz bzw. Nicht-Existenz von speziellen Quadratzahlen. Die Modulo-Rechnung ist beispielsweise für viele Wettbewerbsaufgaben der Mathematik-Olympiaden und des Bundeswettbewerbs Mathematik notwendig oder zumindest hilfreich. Kap. 7 befasst sich mit Stellenwertsystemen, welche die Schüler bereits aus dem Mathematikunterricht kennen sollten. Einige Teilaufgaben stellen den Bezug zu vorangegangenen Kapiteln her. Dies dient einerseits der Wiederholung, zeigt den Schülern aber auch, wie eng mathematische Techniken miteinander verknüpft sein können. Tab. II.1 stellt eine stichwortartige Übersicht bereit, welche mathematischen Methoden und Techniken in den einzelnen Kapiteln erlernt werden. In den Musterlösungen bieten die „Mathematischen Ziele und Ausblicke“ einen Blick über den Tellerrand.

Wie in den Vorgängerbänden sind die Ziele dieses *essentials* vielfältig. Die Aufgaben sollen Anregungen bieten, die mathematische Kreativität der Schüler zu fördern und diese anleiten, eigene Ideen zu entwickeln, auszuprobieren und zu modifizieren. Es ist sehr wichtig, dass die Schüler bekannte Strukturen wiedererkennen, auch wenn sie in modifizierter oder verschleierter Form auftreten. In diesem *essential* wird diese Fähigkeit durch thematisch verwandte Teilaufgaben gefördert, die teilweise mit früheren Kapiteln verknüpft sind. Unverzichtbar für einen langfristigen Erfolg in der Mathematik sind „Softskills“ wie Geduld, Ausdauer und Hartnäckigkeit. Für die Schüler ist es wichtig, eine gewisse Frustrationstoleranz aufzubauen, um auch nach erfolglosen Lösungsansätzen nicht zu früh aufzugeben. Es wurde in Band III darauf hingewiesen, dass diese Eigenschaften in der Begabtenforschung bereits für die Grundschule als bedeutsam angesehen werden. Blickt man weit in die Zukunft, fördern und unterstützen die Lerneinheiten des vorliegenden *essentials* die Fähigkeiten der Schüler für eine spätere Beschäftigung mit Mathematik und anderen MINT-Fächern.

Die in diesem *essential* erlernten mathematischen Methoden und Techniken sind für Mathematikwettbewerbe der Unter- und Mittelstufe (und vereinzelt sogar der Oberstufe) und zur Wettbewerbsvorbereitung sehr nützlich. In Band III haben wir exemplarisch die Mathematik-Olympiaden mit klassenstufenspezifischen Aufgaben (Mathematik-Olympiaden e. V. 1996–2016, 2017–2020), diverse Landeswettbewerbe, den Bundeswettbewerb Mathematik (Specht et al. 2020) und die Fürther Mathematik-Olympiaden (Jainta et al. 2018; Jainta und Andrews 2020a, b; Verein Fürther Mathematik-Olympiaden e. V. 2013) kurz angesprochen.

Für den interessierten Leser enthält das Literaturverzeichnis eine Reihe weiterer Bücher mit Aufgaben und Lösungen aus nationalen und internationalen Mathematikwettbewerben sowie Aufgabensammlungen. Auf Grund seiner Aufgabenstruktur (Multiple-Choice) ist der Känguru-Wettbewerb ungewöhnlich; vgl. z. B. (Noack et al. 2014) und (Unger et al. 2020). Bei (Löh et al. 2019) und (Meier 2003) liegt die Zielsetzung wie in den „Mathematischen Geschichten" nicht nur auf dem Lösen einzelner Aufgaben, sondern auch auf dem Erlernen neuer mathematischer Methoden.

Außerdem möchten wir auf Monoid hinweisen, eine Mathematikzeitschrift für Schülerinnen und Schüler, die von der Universität Mainz herausgegeben wird (Institut für Mathematik der Johannes-Gutenberg Universität Mainz 1981–2021). Pro Jahr erscheinen vier Ausgaben, die neben Aufgaben auch Aufsätze zu mathematischen Themen enthalten. Die Referenzen (Beutelspacher 2020), (Enzensberger 2018) und (Beutelspacher und Wagner 2010) verbinden Mathematik in unterhaltsamer Weise mit Belletristik und laden zum Schmökern ein bzw. animieren zu mathematischen Experimenten.

Mit unseren vier *essentials*-Bänden möchten wir einen Beitrag zur Begabtenförderung in der Grundschule und der Unterstufe leisten. Neben den mathematischen Inhalten möchten wir bei den Schülern Freude und Begeisterung an der Mathematik wecken und zu mathematischen Entdeckungen ermuntern.

1.2 Didaktische Anmerkungen

Der Leser findet die vertraute Struktur aus den drei ersten Bänden wieder. Mentorinnen und Mentoren leiten Anna und Bernd (und damit die Schüler) durch die sechs Aufgabenkapitel in Teil I. Dies geschieht in Erzählform (meist im Dialog mit Anna und Bernd) und natürlich durch die gestellten Übungsaufgaben.

Teil II besteht aus sechs Kapiteln mit ausführlichen Musterlösungen zu den Aufgaben aus Teil I. Didaktische Hinweise und Anregungen zur Umsetzung in einer Begabten-AG, einem Lernzirkel oder zu einer individuellen Förderung runden die Musterlösungen ab. Die aufgezeigten Lösungswege sind so konzipiert, dass sie zumindest weitestgehend auch für Nicht-Mathematiker nachvollziehbar und verständlich sind. Die Musterlösungen sind nicht originär für die Schüler bestimmt. Außerdem werden die mathematischen Ziele der jeweiligen Kapitel erläutert, und es werden Ausblicke gegeben, wo die erlernten mathematischen Techniken in der Mathematik und der Informatik zur Anwendung kommen. Zuweilen findet man auch historische Anmerkungen.

Die AG-Teilnehmer sollten sorgfältig ausgewählt werden. Ihre Leistungsfähigkeit sollte dabei realistisch eingeschätzt werden. Eine dauerhafte Überforderung kombiniert mit einer (zumindest gefühlten) Erfolglosigkeit könnte zu nachhaltiger Frustration führen und damit langfristig zu einer negativen Einstellung zur Mathematik. Es ist sehr wichtig, den Schülern von Beginn an (wiederholt) zu erklären, dass auch von sehr leistungsstarken Schülern keineswegs erwartet wird, dass sie alle Aufgaben selbstständig lösen können. Auch die Protagonisten Anna und Bernd benötigen gelegentlich Hilfe und können nicht alle Teilaufgaben lösen.

Die Kap. 2 bis 7 bestehen aus vielen Teilaufgaben, deren Schwierigkeitsgrad normalerweise ansteigt. Leistungsschwächere Schüler sollten bevorzugt die einfacheren Teilaufgaben bearbeiten. Der Kursleiter sollte den Schülern genügend Zeit einräumen, eigene Lösungswege zu entdecken (gegebenenfalls mit Hilfestellung) und auch Lösungsansätze zu verfolgen, die nicht den Musterlösungen entsprechen. Dem Erfassen und Verstehen der Lösungsstrategien durch die Schüler sollte in jedem Fall Vorrang vor dem Ziel eingeräumt werden, möglichst alle Teilaufgaben zu „schaffen". Jeder Schüler sollte regelmäßig die Gelegenheit erhalten, seine Lösungsansätze bzw. seine Lösungen vor den anderen Teilnehmern zu präsentieren. Dadurch wird nicht nur die eigene Lösungsstrategie nochmals reflektiert, sondern auch so wichtige Kompetenzen wie eine klare Darstellung der eigenen Überlegungen und mathematisches Argumentieren und Beweisen geübt. Das Arbeiten in Kleingruppen erscheint zumindest bei einigen schwierigen Aufgaben sinnvoll. Die einzelnen Kapitel dürften in der Regel zwei oder drei Kurstreffen erfordern.

Es ist kaum möglich, Aufgaben zu entwickeln, die optimal auf die Bedürfnisse jeder Mathematik-AG oder jedes Förderkurses zugeschnitten sind. Es liegt im Ermessen des Kursleiters, Teilaufgaben wegzulassen, eigene Teilaufgaben hinzuzufügen und die Teilaufgaben individuell zu vergeben. Hierauf wird in den Musterlösungen an verschiedenen Stellen auch explizit hingewiesen. So kann der Kursleiter den Schwierigkeitsgrad in einem gewissen Umfang beeinflussen und der Leistungsfähigkeit seiner Kursteilnehmer anpassen. Es ist zu erwarten, dass die Schüler der Klassenstufe 7 aufgrund ihrer größeren intellektuellen Reife den Schülern aus den Klassenstufen 5 und 6 überlegen sind. Der Kursleiter sollte diese Effekte im Auge behalten und bei der Vergabe der Teilaufgaben berücksichtigen.

1.3 Der Erzählrahmen

In den CBJMM, den Club der begeisterten jungen Mathematikerinnen und Mathematiker, darf man normalerweise erst eintreten, wenn man mindestens in die fünfte Klasse geht. Vor ein paar Jahren wurde eine Ausnahme gemacht. Anna und Bernd wurden in den CBJMM aufgenommen, obwohl sie damals erst in der dritten Klasse waren. Dafür mussten sie eine Aufnahmeprüfung absolvieren, in der sie dem Clubmaskottchen des CBJMM, dem Zauberlehrling Clemens, helfen mussten, zwölf mathematische Abenteuer zu bestehen.[2]

Im CBJMM gibt es die Mathematische Rettungstruppe, kurz MaRT, in die besonders engagierte Clubmitglieder aufgenommen werden. Eigentlich sind Anna und Bernd laut den Clubstatuten zu jung, aber weil sie sich damals bei den Aufnahmeprüfungen in den CBJMM so bravourös geschlagen hatten, hat der Clubvorsitzende Carl Friedrich für sie wieder eine Ausnahme gemacht. Wenn sie eine Aufnahmeprüfung bestehen, werden sie schon jetzt in die MaRT aufgenommen. Die Aufnahmeprüfung besteht aus zwölf mathematischen Treffen mit Mentoren aus der MaRT. Die ersten sechs Treffen haben Anna und Bernd schon erfolgreich bewältigt.[3] Jetzt stehen sechs weitere Treffen an.

[2] vgl. Mathematische Geschichten I und II (Schindler-Tschirner und Schindler 2019a, b).

[3] vgl. Mathematische Geschichten III (Schindler-Tschirner and Schindler 2021).

Teil I
Aufgaben

Es folgen 6 Kapitel mit Aufgaben, in denen neue mathematische Begriffe und Techniken eingeführt werden. Die Erzählung und die gestellten Teilaufgaben (und natürlich der Kursleiter!) leiten die Schüler auf den richtigen Lösungsweg. Jedes Kapitel endet mit einem Abschnitt, der das soeben Erlernte aus der Sicht von Anna und Bernd beschreibt. Mit einer kurzen Zusammenfassung, was die Schüler in diesem Kapitel gelernt haben, tritt dieser Abschnitt am Ende aus dem Erzählrahmen heraus. Diese Beschreibung erfolgt nicht in Fachtermini wie in Tab. II.1 in Teil II, sondern in schülergerechter Sprache.

2 Ein Bruch bereitet Kopfzerbrechen

„Hallo, Anna und Bernd, ich bin Stavros. Dieses und unser nächstes Treffen drehen sich um den Euklidischen Algorithmus. Zuerst stelle ich euch einen alten MaRT-Fall vor."

Alter MaRT-Fall Vor zwei Jahren hatte ein befreundeter Graphiker die Aufgabe, das Titelblatt für die Festschrift zum 25-jährigen Jubiläum des Matheklubs „René Descartes" zu entwerfen. René Descartes (31.03.1596–11.02.1650) war ein französischer Mathematiker, Naturwissenschaftler und Philosoph. Der Graphiker hatte auch schon eine Idee für eine angemessene Ausgestaltung. In die rechte untere Ecke wollte er in einem Lindenblatt die Gleichung

$$\frac{31.031.596}{11.021.650} = \frac{a}{b} \tag{2.1}$$

mit dem Geburts- und Todestag von Descartes schreiben,[1] wobei $\frac{a}{b}$ ein vollständig gekürzter Bruch sein sollte. Weil er es nicht geschafft hat, a und b selbst zu bestimmen, ist er schließlich zur MaRT gekommen.

„Hm, da kann man doch schrittweise kürzen. Zähler und Nenner sind jedenfalls durch 2 teilbar", stellt Anna schnell fest. „Das stimmt, aber dann bleiben immer noch sehr große Zahlen übrig", wirft Bernd nachdenklich ein und ergänzt: „Wenn wir den größten gemeinsamen Teiler von 31.031.596 und 11.021.650 kennen würden, wären wir fein raus. Dann müssten wir nur noch den Zähler und den Nenner durch diese Zahl teilen und wären fertig." „Das ist völlig richtig, Bernd, aber genau da liegt die

[1] Zur besseren Lesbarkeit werden bei großen Zahlen die Ziffern durch Punkte in Dreiergruppen unterteilt.

S. Schindler-Tschirner und W. Schindler, *Mathematische Geschichten IV – Euklidischer Algorithmus, Modulo-Rechnung und Beweise,* essentials,
https://doi.org/10.1007/978-3-658-33925-8_2

Schwierigkeit“, antwortet Stavros. „Die nächste Definition werdet ihr noch öfters brauchen.“

Definition 2.1 Es bezeichnen $\mathbb{N} = \{1, 2, \ldots\}$ die Menge der natürlichen Zahlen, und es ist $\mathbb{N}_0 = \{0, 1, \ldots\}$. Ferner bezeichnet $Z = \{\ldots, -1, 0, 1, \ldots\}$ die Menge der ganzen Zahlen.

„Man kann jede natürliche Zahl, die größer als 1 ist, als Produkt von Primzahlen schreiben. Das nennt man Primfaktorzerlegung. Die Primfaktorzerlegung ist bis auf die Reihenfolge der Primfaktoren eindeutig. Man kann die Primfaktorzerlegung schrittweise bestimmen“, erklärt Stavros. „So ist z. B. $45 = 5 \cdot 9 = 5 \cdot 3 \cdot 3 = 3^2 \cdot 5$. Aber auch $45 = 3 \cdot 15 = 3 \cdot 3 \cdot 5 = 3^2 \cdot 5$ führt zum gleichen Ergebnis. Bevor es weitergeht, brauchen wir noch ein paar Definitionen.“

Definition 2.2 Es seien n und m natürliche Zahlen. Man nennt m einen *Teiler* von n, wenn n durch m ohne Rest teilbar ist, also wenn es ein $k \in \mathbb{N}$ gibt, für das $n = km$ gilt. Dann heißt n ein *Vielfaches* von m. Sind n_1 und n_2 natürliche Zahlen, so ist der *größte gemeinsame Teiler* von n_1 und n_2 die größte natürliche Zahl, die n_1 und n_2 teilt. Wir schreiben kurz $\text{ggT}(n_1, n_2)$. Diese Definition gilt entsprechend auch für mehr als zwei Zahlen. Sind $n_1, \ldots, n_m$ natürliche Zahlen, bezeichnet $\text{ggT}(n_1, \ldots, n_m)$ ihren größten gemeinsamen Teiler.

„Dass Buchstaben für Zahlen stehen, daran haben wir uns ja schon gewöhnt. Aber was bedeuten die kleinen Zahlen rechts unterhalb der Buchstaben“, fragt Anna. „Die kleinen Zahlen nennt man Indizes. Natürlich hätte ich anstelle von n_1 und n_2 auch normale Buchstaben wie z. B. r und s verwenden können, aber wenn man den ggT von vielen Zahlen hinschreiben möchte, gehen einem leicht die Buchstaben aus. Außerdem haben Indizes den Vorteil, dass man elegant alle Fälle beschreiben kann, die auftreten können. Dabei kann m – schon wieder ein Buchstabe! – beliebige Werte ≥ 2 annehmen. Für $m = 3$ ist $\text{ggT}(n_1, \ldots, n_m)$ beispielsweise $\text{ggT}(n_1, n_2, n_3)$.“

Definition 2.3 Die Definition eines Teilers kann man von den natürlichen Zahlen auf die ganzen Zahlen erweitern. Es ist $z \in Z$ ein Teiler von $y \in Z$, wenn es ein $k \in Z$ gibt, so dass $y = kz$ ist.

„Wir haben erst vor kurzem im Unterricht gelernt, wie man den $\text{ggT}(n_1, \ldots, n_m)$ berechnet. Zuerst bestimmt man für alle Zahlen die Primfaktorzerlegung“, berichtet Bernd, und Anna ergänzt: „Dann bestimmt man für jeden Primfaktor den kleinsten Exponenten, mit dem dieser Primfaktor in den Primfaktorzerlegungen vorkommt. Dann potenziert man den Primfaktor mit diesem Exponenten und multipliziert all diese Potenzen. Das ergibt dann den größten gemeinsamen Teiler.“ „Und wenn es gar keinen Primfaktor gibt, der in allen Primfaktorzerlegungen vorkommt?“, fragt Stavros nach. „Dann ist der $\text{ggT}(n_1, \ldots, n_m) = 1$.“ „Ich sehe, dass ihr beide das Verfahren gut verstanden habt. Zum Aufwärmen habe ich ein paar Übungsaufgaben mitgebracht.“

a) Berechne ggT(30, 45) und ggT(117, 51).
b) Berechne ggT(24, 36) und ggT(64, 35).
c) Berechne ggT(27, 39, 81).

„Nun aber zurück zum alten MaRT-Fall“, mahnt Stavros. „Habt ihr eine Idee, wie ihr vorgehen wollt?“ „Bernd, wir teilen uns die Arbeit. Ich zerlege den Zähler in Primfaktoren, du den Nenner. Bist du einverstanden?“ „Einverstanden, Anna!“ Nach ein paar Minuten fragt Stavros, wie weit Anna und Bernd schon gekommen sind. „Ich habe alle Primzahlen bis 31 ausprobiert. Neben der 2 ist auch die 17 ein Primfaktor des Zählers“, sagt Anna, und Bernd fügt hinzu: "Ich bin erst bei 29, aber immerhin teilen 2 und 5^2 den Nenner. Aber mühsam ist diese Suche schon!“

„Ich zeige euch etwas Besseres, wenn ihr den ggT von zwei großen Zahlen berechnen wollt, nämlich den Euklidischen Algorithmus. Benannt ist er nach dem griechischen Mathematiker Euklid, der um 300 v. Chr. gelebt hat. Der Euklidische Algorithmus kommt ohne Primfaktorzerlegungen aus. Ich erkläre ihn zuerst an einem einfachen Beispiel und danach allgemein“, sagt Stavros. „Wir wollen ggT(54, 15) berechnen. Zunächst teilen wir 54 mit Rest durch 15. Das ergibt $54{:}15 = 3$ Rest 9. Dies kann man auch so ausdrücken:“

$$54 = 3 \cdot 15 + 9 \tag{2.2}$$

„Im nächsten Schritt teilen wir 15 mit Rest durch 9. Das ergibt den Rest 6. Das machen wir solange, bis eine Division aufgeht.“

$$15 = 1 \cdot 9 + 6 \tag{2.3}$$

$$9 = 1 \cdot 6 + 3 \tag{2.4}$$

$$6 = 2 \cdot 3 \tag{2.5}$$

„Daher ist $\text{ggT}(54, 15) = 3$. Das Ergebnis könnt ihr nachprüfen, indem ihr wie gewohnt die Primfaktorzerlegungen von 54 und 15 bestimmt.“

d) Berechne ggT(54, 15) mit Hilfe von Primfaktorzerlegungen.
e) Berechne ggT(24, 36) und ggT(64, 35) mit dem Euklidischen Algorithmus.

Stavros erklärt: „Nachdem ihr den Euklidischen Algorithmus an zwei Beispielen kennengelernt habt, beschreibe ich ihn jetzt allgemein. Unsere Aufgabe besteht darin, den ggT(x, y) für zwei natürliche Zahlen x und y zu berechnen. Das geht so: Zuerst setzen wir $r_1 := x$ und $r_2 := y$, d. h. r_1 erhält den Wert x und r_2 den Wert y. Dann berechnen wir $r_1 : r_2$ mit Rest. Das ergibt die Gl. (2.6), die in unserem Zahlenbeispiel (2.2) entspricht. Wie ihr seht, 'wandern' r_2 und r_3 in der zweiten Gleichung eine Position nach links, und so geht das weiter, bis eine Division aufgeht (2.9). Wie ihr seht, kommen schon wieder Indizes vor.

Euklidischer Algorithmus

$$r_1 = \ell_1 \cdot r_2 + r_3 \quad \text{mit} \quad \ell_1 \in \mathbb{N}_0 \quad \text{und} \quad 0 \leq r_3 < r_2 \tag{2.6}$$

$$r_2 = \ell_2 \cdot r_3 + r_4 \quad \text{mit} \quad \ell_2 \in \mathbb{N}_0 \quad \text{und} \quad 0 \leq r_4 < r_3 \tag{2.7}$$

$$\vdots$$

$$r_{m-2} = \ell_{m-2} \cdot r_{m-1} + r_m \quad \text{mit} \quad \ell_{m-2} \in \mathbb{N}_0 \quad \text{und} \quad 0 \leq r_m < r_{m-1} \tag{2.8}$$

$$r_{m-1} = \ell_{m-1} \cdot r_m \tag{2.9}$$

$$\text{und damit} \quad ggT(x, y) = r_m \tag{2.10}$$

„Es treten $m - 1$ Gleichungen auf. Dabei hängt m von x und y ab." „Der Euklidische Algorithmus ist ja echt cool", meint Bernd. „Als Nächstes wollen wir beweisen, dass der Euklidische Algorithmus tatsächlich immer den ggT liefert", fährt Stavros fort. Das machen wir in mehreren Schritten. Zuerst müssen wir zeigen, dass der Euklidische Algorithmus auf jeden Fall zum Ende kommt."

Nach einigem Nachdenken erkennt Anna: „Der Schlüssel zur Lösung sind die Reste $r_2, r_3, \ldots$. Die Reste werden immer kleiner, sind aber nie negativ. Irgendwann muss der Rest 0 auftreten, und die Division geht auf. Dann ist der Euklidische Algorithmus beendet." „Sehr gut, Anna. Den Rest schafft ihr beide auch noch."

f) Es seien a, b, d natürliche Zahlen. Beweise: Ist d ein Teiler von a und b, dann teilt d auch die Summe $a + b$ und die Differenz $a - b$.
g) Beweise, dass der ggT(x, y) die Zahl r_m aus Gl. (2.9) teilt.
h) Beweise, dass r_m den ggT(x, y) teilt.
i) Beweise, dass $r_m =$ ggT(x, y) gilt.

„Ihr wart richtig gut, Anna und Bernd", lobt Stavros. „Zuerst zu beweisen, dass ggT(x, y) ein Teiler von r_m ist und dann die umgekehrte Aussage, ist wirklich interessant", bemerkt Bernd. „Diese Beweisstrategie solltet ihr euch gut merken, weil sie in dieser oder ähnlicher Form häufig vorkommt. So folgt aus $a \leq b$ und $b \leq$

a, dass $a = b$ ist. Und zwei Mengen A und B sind gleich, wenn A eine Teilmenge von B und B eine Teilmenge von A ist", erklärt Stavros. „Mit dem Euklidischen Algorithmus kennt ihr jetzt das richtige Werkzeug, um den alten MaRT-Fall zu lösen."

j) Löse den alten MaRT-Fall.

„Hier sind noch zwei Aufgaben, um den Euklidischen Algorithmus zu üben. Dann sind wir für heute fertig."

k) Kürze den Bruch $\frac{5751}{7100}$ vollständig.
l) Berechne $\mathrm{ggT}(1536, 1152)$.

Anna, Bernd und die Schüler
„Vom Euklidischen Algorithmus habe ich noch nichts gehört. Für große Zahlen ist er wirklich sehr nützlich." „Stimmt, Anna. Aber für kleine Zahlen haben auch Primfaktorzerlegungen Vorteile. Damit kann man den ggT von mehreren Zahlen berechnen." „Ob man den Euklidischen Algorithmus auch auf mehr als zwei Zahlen anwenden kann?" „Am besten, wir fragen das nächste Mal Stavros. Stavros weiß das sicher, Anna." „Erinnerst du dich noch, als wir bei der Aufnahmeprüfung in den CBJMM die Anzahl der Teiler aus der Primfaktorzerlegung berechnet haben, Bernd?"[2]

Was ich in diesem Kapitel gelernt habe

- Ich kann den Euklidischen Algorithmus anwenden.
- Mit dem Euklidischen Algorithmus habe ich den größten gemeinsamen Teiler von großen Zahlen berechnet.
- Ich habe bewiesen, dass der Euklidische Algorithmus funktioniert.

[2] vgl. Mathematische Geschichten II (Schindler-Tschirner und Schindler 2019b, Kap. 5).

Ein Graphiker kommt auf den Geschmack 3

„Hallo Stavros!" „Hallo Anna und Bernd. Ihr seid ja sehr pünktlich."

Alter MaRT-Fall Wie ihr schon wisst, hat ein Graphiker vor zwei Jahren die MaRT wegen der Festschrift zum 25-jährigen Jubiläum des Matheklubs „René Descartes" um Rat gefragt. Nachdem wir ihm geholfen hatten, hat er die Gleichung mit den Lebensdaten von Descartes und dem gekürzten Bruch kunstvoll in die rechte untere Ecke des Titelblatts in ein Lindenblatt geschrieben. Das hat ihm sehr gut gefallen, und dann wollte er auch noch wissen, was der Hauptnenner von

$$\frac{1}{31.031.596} \quad \text{und} \quad \frac{1}{11.021.650} \tag{3.1}$$

ist. Die Summe der beiden Brüche wollte er ebenfalls in ein Lindenblatt platzieren, und zwar in der linken untere Ecke.

„Zum alten MaRT-Fall kommen wir später. Ich habe euch erst einmal zwei Rechenaufgaben zum Aufwärmen mitgebracht."

a) Berechne ggT(324, 292) mit dem Euklidischen Algorithmus.
b) Berechne ggT(529, 317) mit dem Euklidischen Algorithmus.

„Stavros, wenn man die Primfaktorzerlegungen kennt, kann man auch den ggT von mehreren Zahlen leicht bestimmen. Geht das auch mit dem Euklidischen Algorithmus?", fragt Anna. „Das ist mit dem Euklidischen Algorithmus nicht ganz so einfach, aber man kann ihn schrittweise anwenden. Für drei natürliche Zahlen gilt:"

$$\text{ggT}(x, y, z) = \text{ggT}(x, \text{ggT}(y, z)) \quad \text{für alle} \quad x, y, z \in \mathbb{N} \tag{3.2}$$

S. Schindler-Tschirner und W. Schindler, *Mathematische Geschichten IV – Euklidischer Algorithmus, Modulo-Rechnung und Beweise*, essentials,
https://doi.org/10.1007/978-3-658-33925-8_3

„Das sieht aber kompliziert aus!", ruft Bernd. „Es sieht schwieriger aus, als es ist. Ihr müsst euch von innen nach außen vorarbeiten: Zuerst berechnet ihr $\mathrm{ggT}(y, z)$ und danach den ggT von x und $\mathrm{ggT}(y, z)$. An einem Beispiel wird das vielleicht klarer. Es ist übrigens $\mathrm{ggT}(45, 75) = 15$, wie ihr leicht nachrechnen könnt:"

$$\mathrm{ggT}(55, 45, 75) = \mathrm{ggT}(55, \mathrm{ggT}(45, 75)) = \mathrm{ggT}(55, 15) = 5 \tag{3.3}$$

„Das ist ja praktisch", findet Bernd. „Da wenden wir den Euklidischen Algorithmus einfach zwei Mal an, und schon sind wir fertig." „Genau. Formel (3.2) bedeutet, dass man den ggT von drei Zahlen in zwei Schritten berechnen kann. Und das sollt ihr jetzt beweisen", schmunzelt Stavros. „Das hat man nun von interessanten Fragen", murmelt Anna.

c) Beweise die Formel (3.2).

Anna und Bernd kommen nicht richtig weiter. Nach ein paar Minuten sagt Stavros: „Ich gebe euch einen Tipp: Wir bezeichnen die Primzahlen, die in der Primfaktorzerlegung von mindestens einer der Zahlen x, y und z vorkommen, mit $p_1, \ldots, p_m$. Stellt dann x, y und z als Produkte dieser Primzahlen dar. Wenn eine Primzahl p_j beispielsweise in der Primzahlzerlegung von x gar nicht vorkommt, multipliziert ihr die Primfaktorzerlegung mit p_j^0. Das ist dann zwar keine Primfaktorzerlegung mehr, weil der Faktor 1 auftritt, aber das ist hier egal. Vergleicht dann die Exponenten der einzelnen Primzahlen." Kurz darauf haben Anna und Bernd auch diese Aufgabe erfolgreich gelöst.

„Sehr gut! Formel (3.2) gilt übrigens auch für mehr als drei Zahlen, wie ihr euch sicher denken könnt. Um von m natürlichen Zahlen $x_1, x_2, \ldots, x_m$ den $\mathrm{ggT}(x_1, x_2, \ldots, x_m)$ mit dem Euklidischen Algorithmus zu berechnen, berechnet man zunächst $s = \mathrm{ggT}(x_{m-1}, x_m)$. Dann ist $\mathrm{ggT}(x_1, x_2, \ldots, x_m) = \mathrm{ggT}(x_1, x_2, \ldots, x_{m-2}, s)$, und der ggT muss nur noch für $m-1$ Zahlen anstatt für m Zahlen berechnet werden. So macht man weiter, bis man fertig ist. Insgesamt muss man den Euklidischen Algorithmus $m - 1$ Mal anwenden. Der Beweis geht genauso wie für den Spezialfall $m = 3$. Allerdings werden wir den Fall $m > 3$ nicht weiter vertiefen."

d) Berechne $\mathrm{ggT}(820, 2214, 1722)$ mit dem Euklidischen Algorithmus. Verwende hierzu die Formel (3.2).

„Wir haben uns beim letzten Treffen und heute schon ausführlich mit dem größten gemeinsamen Teiler und dem Euklidischen Algorithmus befasst. Es wird Zeit, dass wir noch andere Aufgaben angehen", sagt Stavros und präsentiert Anna und Bernd zunächst eine Definition und dann weitere Aufgaben.

Definition 3.1 Sind n_1 und n_2 natürliche Zahlen, so ist das *kleinste gemeinsame Vielfache* von n_1 und n_2 die kleinste natürliche Zahl, die durch n_1 und n_2 teilbar ist. Wir schreiben $\text{kgV}(n_1, n_2)$. Diese Definition gilt entsprechend auch für mehr als zwei Zahlen. Sind $n_1, \ldots, n_m$ natürliche Zahlen, bezeichnet $\text{kgV}(n_1, \ldots, n_m)$ ihr kleinstes gemeinsames Vielfaches.

e) Berechne $\text{kgV}(27, 36)$ und $\text{kgV}(21, 23)$.
f) Berechne $\text{kgV}(1, 2, 3, 4, 5, 6, 7)$.
g) Wieviele Zahlen zwischen 100 und 10000 sind durch 3 und durch 7 teilbar?

„Nun aber zum alten MaRT-Fall, Anna und Bernd.“ „Wir müssen das kgV(31.031.596, 11.021.650) berechnen. Dann kennen wir den Hauptnenner. Soviel ist klar“, antwortet Bernd spontan. „Wenn wir die Primfaktorzerlegungen von 31.031.596 und 11.021.650 kennen würden, wäre das ganz einfach, aber an den Primfaktorzerlegungen sind wir ja schon beim letzten Mal gescheitert, weil die Zahlen so groß sind. Zum Glück braucht der Euklidische Algorithmus keine Primfaktorzerlegungen“, fügt Anna hinzu. „Ein bisschen besser sind wir schon dran als beim letzten Mal. Schließlich kennen wir jetzt ihren ggT, nämlich $274 = 2 \cdot 137$. Daher sind beide Zahlen durch 274 teilbar, und wir müssen nur noch $\frac{31.031.596}{274} = 113.254$ und $\frac{11.021.650}{274} = 40.225$ in ihre Primfaktoren zerlegen“, stellt Bernd fest. „Das sind aber immer noch ziemlich große Zahlen. Gibt es da nichts Besseres, so eine Art Euklidischer Algorithmus, um das kgV zu berechnen?“, fragt Anna Stavros.

Stavros erklärt: „Nicht direkt, aber zwischen dem ggT und dem kgV gilt der folgende Zusammenhang.

$$\text{kgV}(x, y) \cdot \text{ggT}(x, y) = xy \quad \text{für alle} \quad x, y \in \mathbb{N} \tag{3.4}$$

„Um $\text{kgV}(x, y)$ zu berechnen, genügt es also, das Produkt xy durch $\text{ggT}(x, y)$ zu teilen“, bemerkt Anna. „Der alte MaRT-Fall ist so gut wie gelöst!“

h) Beweise die Formel (3.4). Tipp: Gehe ähnlich vor wie in Teilaufgabe c).
i) Löse den alten MaRT-Fall.
j) Patricia stellt Rebecca ein mathematisches Rätsel. „Ich habe mir zwei natürliche Zahlen x und y ausgedacht, wobei $x > y$ ist. Außerdem ist das Produkt $xy = 16.687.049.515.747$ und $\text{ggT}(x, y) = 158.171$. Kannst du mir sagen, welche beiden Zahlen x und y ich mir ausgedacht habe, Rebecca?“ Kurze Zeit später antwortet Rebecca: „Nein, das kann ich nicht!“ Als Patricia sichtlich triumphiert, ergänzt Rebecca: „Ich kann es deshalb nicht, weil mehr als eine Lösung die Bedingungen der Aufgabe erfüllt.“ Bestimme alle Lösungen. Tipp: Verwende Formel (3.4).

Anna, Bernd und die Schüler

„Das war wieder ein anstrengender Nachmittag, aber jetzt habe ich den Zusammenhang zwischen dem ggT und dem kgV besser verstanden“, sagt Anna. Bernd fügt hinzu: „Es ist toll, dass wir den Euklidischen Algorithmus auch zur Berechnung des kgV nutzen können. Außerdem haben wir wieder zwei Beweise geführt. Das ist ein großer Unterschied zum normalen Unterricht.“ „Das ist richtig, Bernd. Und auch bei Aufgaben, in denen man etwas berechnet, muss man genau argumentieren.“

Was ich in diesem Kapitel gelernt habe

- Ich habe den Euklidischen Algorithmus weiter geübt.
- Ich habe zwei Beweise geführt.
- Ich habe verstanden, wie ggT und kgV zusammenhängen.
- Ich weiß, wie man mit dem Euklidischen Algorithmus das kgV berechnen kann.

So viele Radieschen wie möglich

4

„Ich bin Emerenzia. Ihr seid sicher Anna und Bernd. Ich habe schon viel von euch gehört. Heute befassen wir uns mit binomischen Formeln."

Alter MaRT-Fall Erst vor kurzem kam Willi Hortulanus zu uns. Sein Vater, ein mathematisch interessierter Gärtner, hat ihm 12 m Schnur gegeben, mit der er ein eigenes Beet im elterlichen Garten abstecken und selbstständig bewirtschaften darf. Das Beet muss rechteckig sein, aber ansonsten hat Willi freie Hand. Er möchte Radieschen anbauen, und natürlich möchte er ein möglichst großes Beet haben, um eine möglichst große Ernte einfahren zu können. Die Frage war also, wie lang und wie breit das Beet sein sollte.

„Da müssen wir ja unendlich viele Möglichkeiten ausprobieren", sagt Bernd erschrocken. „So geht das natürlich nicht. Wie üblich stellen wir den MaRT-Fall zurück, bis ihr die notwendigen mathematischen Techniken gelernt habt", antwortet Emerenzia.

„Kennt ihr die rationalen Zahlen, Anna und Bernd?" „Die rationalen Zahlen umfassen alle Zahlen, die sich als Brüche darstellen lassen", antwortet Anna. „Aber die Darstellung einer Zahl als Bruch ist nicht eindeutig", ergänzt Bernd. „So ist zum Beispiel $\frac{2}{4} = \frac{1}{2} = \frac{-1}{-2} = 0{,}5$." Emerenzia schreibt die folgende Definition an das Whiteboard:

Definition 4.1 Es bezeichnet $Q := \{\frac{m}{n} \mid m \in Z, n \in Z \setminus \{0\}\}$ die Menge der rationalen Zahlen.

„Die Menge Q enthält alle ganzen Zahlen. Es ist nämlich $z = \frac{z}{1}$ für alle $z \in Z$, Anna und Bernd. Übrigens kann man in Definition 4.1 anstatt $n \in Z$ auch $n \in \mathbb{N}$ schreiben. Das würde die Menge der rationalen Zahlen nicht ändern. Wisst ihr,

S. Schindler-Tschirner und W. Schindler, *Mathematische Geschichten IV – Euklidischer Algorithmus, Modulo-Rechnung und Beweise,* essentials,
https://doi.org/10.1007/978-3-658-33925-8_4

warum das so ist?" „Ist eine rationale Zahl $q \geq 0$, kann man Zähler und Nenner nichtnegativ wählen. Ist $q < 0$, ist der Zähler eben eine negative Zahl und der Nenner positiv", erklärt Anna. „Sehr gut! Hier sind zunächst ein paar Übungsaufgaben als Einstieg."

a) Multipliziere $3(x+5)$, $6(6+y)$, $3z(4+a)$ aus.
b) Multipliziere $(b-c)a$, $(a+b)(c+d)$ und $(a-b)(-c+d)$ aus.

„Heute stehen die binomischen Formeln im Mittelpunkt. Ich weiß nicht, ob ihr die schon kennt."

Für alle $x, y \in Q$ gelten die binomischen Formeln

$$(x+y)^2 = x^2 + 2xy + y^2 \quad \text{(1. binomische Formel)} \tag{4.1}$$

$$(x-y)^2 = x^2 - 2xy + y^2 \quad \text{(2. binomische Formel)} \tag{4.2}$$

$$(x+y)(x-y) = x^2 - y^2 \quad \text{(3. binomische Formel)} \tag{4.3}$$

c) Berechne $(x+5)^2$, $(a-7)^2$ und $(100+z)(100-z)$.
d) Rechne die binomischen Formeln (4.1), (4.2) und (4.3) nach.
Tipp: Multipliziere die linken Seiten aus und fasse gleiche Terme zusammen.

„Wozu braucht man binomische Formeln, Emerenzia?", möchte Bernd wissen. „Binomische Formeln spielen in der Mathematik eine wichtige Rolle. Ich habe euch ein paar Anwendungsaufgaben mitgebracht. Die geben euch einen ersten Eindruck, was man mit binomischen Formeln machen kann.

e) Kürze die Brüche $\frac{x+2}{x^2+4x+4}$ und $\frac{a^2-b^2}{a+b}$. (Dabei können $x, a, b \in Q$ beliebige Werte annehmen, sofern die Nenner ungleich 0 sind.)

„Die binomischen Formeln können euch übrigens auch beim Kopfrechnen große Vorteile einbringen."

f) Berechne $102 \cdot 98$, $999 \cdot 1001$ und 101^2 im Kopf.

„Jetzt ist der alte MaRT-Fall dran. Bei geometrischen Aufgaben ist es manchmal hilfreich, eine Skizze anzufertigen. In Abb. 4.1 habe ich für euch eine Skizze begonnen", erklärt Emerenzia. „Den Rest schafft ihr selbst", spornt Emerenzia Anna und Bernd an.

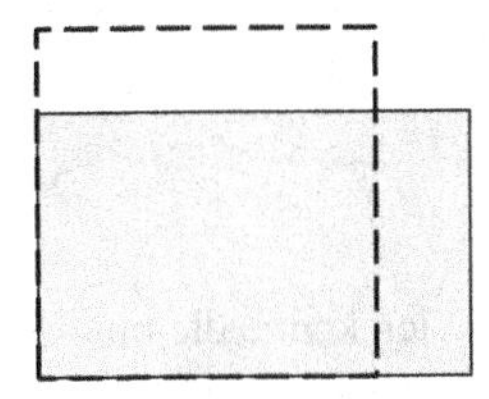

Abb. 4.1 quadratisches und rechteckiges Radieschenbeet

g) Löse den alten MaRT-Fall.

„Das ist ja eine interessante Anwendung der binomischen Formeln", sagt Anna erstaunt und begeistert. „Die beiden nächsten Teilaufgaben funktionieren nach demselben Prinzip", erklärt Emerenzia.

h) Für welche Zahl $x \in Q$ ist der Term $x^2 - 6x + 9$ minimal?
i) Für welche Zahl $x \in Q$ ist der Term $x^2 + 4x + 2$ minimal? Welchen Wert nimmt dieser Term dann an?

„Die letzten drei Aufgaben waren schon schwieriger, nicht wahr? Noch drei weitere Aufgaben, und wir sind für heute fertig", sagt Emerenzia. „Dabei lernt ihr eine neue Lösungs- und Beweistechnik kennen."

j) Welche natürlichen Zahlen n und m erfüllen die Gleichung $n^2 - m^2 = 101$.
k) Welche natürlichen Zahlen n und m erfüllen die Gleichung $n^2 - m^2 = 95$.
l) Bestimme alle Primzahlen p, für die $p + 1$ eine Quadratzahl ist.

Anna, Bernd und die Schüler

„Das war wieder ein spannender Nachmittag, Bernd. Wir haben sogar Tricks zum Kopfrechnen gelernt." „Es ist wirklich erstaunlich, wofür man binomische Formeln nutzen kann, Anna. Ich finde es toll, dass man damit auch Minima und Maxima von Termen berechnen kann, ohne ausprobieren zu müssen. Den alten MaRT-Fall erzähle ich meinem Opa. Der hat auch einen Garten." „Mal sehen, ob dein Opa die Lösung findet, Bernd. Ich fand das Faktorisieren besonders spannend. Und natürlich haben wir heute wieder Beweise geführt."

Was ich in diesem Kapitel gelernt habe

- Ich kenne die binomischen Formeln und kann sie anwenden.
- Ich habe mit binomischen Formeln Minima und Maxima bestimmt.
- Mit den binomischen Formeln kann man Summen in Produkte überführen.
- Ich habe wieder Beweise geführt.

5 Schon wieder eine mathematische Wette

„Hallo Anna und Bernd, ich bin Theresa. Heute und beim nächsten Mal befassen wir uns mit der Modulo-Rechnung. Unser Clubvorsitzender Carl Friedrich hat mir erzählt, dass ihr die Modulo-Rechnung schon kennt." „Ja, Theresa, das stimmt. Um in den CBJMM aufgenommen zu werden, mussten wir unserem Clubmaskottchen, dem Zauberlehrling Clemens, in zwölf mathematischen Abenteuern helfen, durch das Lösen von Mathematikaufgaben Zauberutensilien zu erlangen. In zwei mathematischen Abenteuern ging es um die Modulo-Rechnung[1]", erinnert sich Anna.

Alter MaRT-Fall Neulich kam Ernst Wunderlich ganz aufgeregt zur MaRT, und zwar hatte ihm Peter Sponsio eine unglaubliche Wette angeboten. Peter Sponsio wollte mit ihm wetten, dass er in einer Minute im Kopf den 11er-Rest einer 30-stelligen natürlichen Zahl bestimmen könne. Ernst wusste, dass Peter Sponsio ziemlich gut in Mathematik ist, aber eben auch gerne Wetten abschließt, die für ihn günstig sind.[2] Was denkt ihr wohl, was wir Ernst Wunderlich geraten haben?

Bernd ergänzt: „Anna, ich erinnere mich gut. Die Modulo-Rechnung war für uns damals absolut neu. Mit der Modulo-Rechnung konnten wir ziemlich einfach und schnell Uhrzeiten und Wochentage bestimmen, weil sich diese nach 24 Stunden bzw. nach 7 Tagen wiederholen. Außerdem haben wir die Teilbarkeitsregeln für die Zahlen 3 und 9 kennengelernt." „Da wisst ihr ja schon eine ganze Menge. Wie so oft, beginnen wir mit einigen Definitionen."

---

[1] Mathematische Geschichten II (Schindler-Tschirner und Schindler 2019b, Kap. 6 und 7).

[2] vgl. Mathematische Geschichten III (Schindler-Tschirner und Schindler 2021, Kap. 2).

S. Schindler-Tschirner und W. Schindler, *Mathematische Geschichten IV – Euklidischer Algorithmus, Modulo-Rechnung und Beweise,* essentials,
https://doi.org/10.1007/978-3-658-33925-8_5

Definition 5.1 Es sei $m \in \mathbb{N}$. Eine ganze Zahl z heißt Vielfaches von m, falls eine Zahl $a \in Z$ existiert, für die $z = am$ gilt.

Definition 5.2 Es sei $m \in \mathbb{N}$. Für $y, z \in Z$ schreibt man $y \equiv z \mod m$ (sprich: y ist kongruent z modulo m), falls a und b bei der Division durch m denselben Rest besitzen. Die Zahl m heißt Modul. Ferner ist $Z_m := \{0, 1, \ldots, m-1\}$.

Anna erklärt: „Teilt man zum Beispiel 13 mit Rest durch 5, erhält man 13:5 = 2 Rest 3, also ist $13 \equiv 3 \mod 5$. Es ist aber auch $18 \equiv 3 \mod 5$, weil 18:5 = 3 Rest 3 ist." „Hier sind ein paar einfache Aufgaben, um eure Erinnerung weiter aufzufrischen", schmunzelt Theresa.

a) Bestimme die kleinsten nicht-negativen Zahlen a, b, c, d, für die die folgenden Kongruenzen richtig sind:

$$20 \equiv a \mod 12\,, \quad 32 \equiv b \mod 12\,, \quad 20 \equiv c \mod 7\,, \quad 20 \equiv d \mod 8 \tag{5.1}$$

„Für nicht-negative Zahlen ist alles klar und einleuchtend, das kennen wir ja schon. Aber wie ist das bei den negativen Zahlen?" „Das ist eine gute Frage, Bernd. Ich erkläre das an Annas Beispiel. Alle Vielfachen von 5, auch die negativen, ergeben den Rest 0, wenn man sie durch 5 teilt. Daher sind alle Vielfachen von 5 kongruent 0 modulo 5, z. B. also $-20 \equiv 0 \mod 5$. Es ist 13:5 = 2 Rest 3, oder anders ausgedrückt, $13 = 2 \cdot 5 + 3$." „Das ist ja wie beim Euklidischen Algorithmus", stellt Anna fest. „Ganz genau", lobt Theresa. „10 ist das größte Vielfache von 5, das kleiner oder gleich 13 ist. Genauso ist $-15 = (-3) \cdot 5$ das größte Vielfache von 5, das ≤ -12 ist. Es ist $-12 = (-3) \cdot 5 + 3$, und es ist $-12 \equiv 3 \mod 5$. Natürlich ist auch $-12 \equiv 13 \mod 5$, weil beide den 5er-Rest 3 besitzen."

„Das gilt nicht nur für den Modul 5, sondern auch für jeden Modul m. Zu jeder Zahl z gibt es ein größtes Vielfaches von m, das $\leq z$ ist. Oder anders ausgedrückt: Es existiert ein $a \in Z$, für das $a \cdot m \leq z < am + m$ gilt. Daraus folgt $z = am + r$ für ein $r \in Z_m$, und es ist $z \equiv r \mod m$."

b) Bestimme die kleinsten nicht-negativen Zahlen a, b, c, d, für die die folgenden Kongruenzen richtig sind:

$$-20 \equiv a \mod 12, \quad -32 \equiv b \mod 12, \quad -20 \equiv c \mod 7, \quad -20 \equiv d \mod 8 \tag{5.2}$$

„Kennt ihr auch schon Rechenregeln für die Modulo-Rechnung?" „Ja", antworten Anna und Bernd nahezu gleichzeitig, und Bernd ergänzt: "Für die Addition und Multiplikation." „Ihr seid ja schon echte Modulo-Experten, Anna und Bernd. Für die Subtraktion verhält sich das genauso."

Rechenregeln Es seien $m \in \mathbb{N}, m \geq 2$, und $y, y', z,' z' \in Z$. Wenn $y \equiv y' \bmod m$ und $z \equiv z' \bmod m$ ist, so gelten

$$y + z \equiv y' + z' \bmod m \quad \text{(Addition)} \tag{5.3}$$
$$y - z \equiv y' - z' \bmod m \quad \text{(Subtraktion)} \tag{5.4}$$
$$y \cdot z \equiv y' \cdot z' \bmod m \quad \text{(Multiplikation)} \tag{5.5}$$

„Um den Rest einer Summe, einer Differenz oder eines Produkts modulo m zu berechnen, dürft ihr zuerst die Reste der einzelnen Zahlen bestimmen. Damit bleiben die Zahlen, mit denen ihr weiterrechnen müsst, klein", erklärt Theresa. „Die Rechenregel (5.3) kann hilfreich sein, die Reste von negativen Zahlen zu berechnen. Wie ihr schon wisst, gilt $a \cdot m \equiv 0 \bmod m$ für alle $a \in Z$. Deswegen kann man irgendein Vielfaches des Moduls zu einer Zahl addieren oder subtrahieren, ohne dass sich ihr Rest modulo m ändert. Ich erkläre das an einem Beispiel:"

$$-56 \equiv -56 + 0 \equiv -56 + 60 \equiv 4 \bmod 10 \tag{5.6}$$

„Nicht ganz so geschickt, aber ebenfalls korrekt wäre es, anstatt 60 beispielsweise 80 zu addieren. Das kostet aber einen zusätzlichen Rechenschritt."

$$-56 \equiv -56 + 80 \equiv 24 \equiv 4 \bmod 10 \tag{5.7}$$

„Die Menge Z_m enthält alle Reste, die man bei der Division einer ganzen Zahl z durch den Modul m mit Rest erhalten kann. Meistens, aber nicht immer, interessiert man sich, zu welchem $r \in Z_m$ eine Zahl z kongruent ist."

c) Bestimme die kleinsten nicht-negativen Zahlen a, b, c, d, für die die folgenden Kongruenzen richtig sind:

$$-120 \equiv a \bmod 13, \quad -1232 \equiv b \bmod 10, \quad -1000 \equiv c \bmod 7,$$
$$-20 \equiv d \bmod 23 \tag{5.8}$$

d) Bestimme die Menge aller $y \in Z$, für die $7 \equiv y \bmod 4$ gilt.

„Die Rechenregeln (5.3) und (5.5) gelten übrigens entsprechend auch für Summen und Produkte, die aus mehr als zwei Summanden bzw. aus mehr als zwei Faktoren bestehen. Die Rechenregel (5.10) für das Potenzieren ist ein Spezialfall davon, weil x^n das n-fache Produkt von x ist. Die Rechenregel (5.10) ist sehr nützlich, weil man bei Potenzen zunächst die Basis modulo m reduzieren darf und nicht zuerst die Potenz ausrechnen muss", fährt Theresa fort. „Es gilt auch"

$$a_1 \cdot b_1 + \ldots + a_k \cdot b_k \equiv a_1' \cdot b_1' + \ldots + a_k' \cdot b_k' \mod m \qquad (5.9)$$

„falls $a_j \equiv a_j' \mod m$ und $b_j \equiv b_j' \mod m$ für alle $j = 1, \ldots, k$ gilt. Die Rechenregel (5.9) gilt übrigens auch, wenn man einige (oder auch alle) '+'-Zeichen durch '−' ersetzt."

e) Beweise die folgende Rechenregel:
Es seien $m \in \mathbb{N}$, $m \geq 2$, und es ist $x, x' \in Z$. Aus $x \equiv x' \mod m$ folgt

$$x^n \equiv (x')^n \mod m \qquad \text{für alle } n \in \mathbb{N} \qquad \text{(Potenzieren)} \qquad (5.10)$$

Tipp: Verwende die Rechenregel (5.5)
f) Beweise, dass $4^{2020} + 5^{2021}$ keine Primzahl ist.
Tipp: Beweise, dass $4^{2020} + 5^{2021}$ durch 3 teilbar ist.
g) Beweise: Es ist $10^n \equiv 1 \mod 9$ für alle $n \in \mathbb{N}$.

„Jetzt wollen wir ein paar Teilbarkeitsregeln beweisen. Nach unseren Vorarbeiten ist das gar nicht mehr schwierig. Denkt daran, dass $z \equiv 0 \mod m$ bedeutet, dass z durch m teilbar ist."

h) Chiara hat auf einer Internetseite eine Teilbarkeitsregel für die Zahl 9 gefunden: „Eine natürliche Zahl n ist genau dann ohne Rest durch 9 teilbar, wenn dies für ihre Quersumme gilt." Tatsächlich gilt sogar die folgende Erweiterung: Eine natürliche Zahl n besitzt denselben 9er-Rest wie ihre Quersumme.
Beweise diese (erweiterte) Teilbarkeitsregel.
i) Beweise: Eine natürliche Zahl n besitzt denselben 3er-Rest wie ihre Quersumme.
j) Beweise: Eine natürliche Zahl n besitzt denselben 5er-Rest wie ihre Einerziffer.
k) Beweise: Eine natürliche Zahl n besitzt denselben 4er-Rest wie die zweistellige Zahl, die ihre beiden letzten Ziffern bilden.

Bernd stellt fest: „Diese Teilbarkeitsregeln sind sehr nützlich. Damit kann man auch für sehr große Zahlen ganz leicht den Rest bestimmen, der beim Teilen durch m

auftritt, ohne dass man die Division selbst berechnen muss." „Es ist an der Zeit, dan alten MaRT-Fall zu lösen, Anna und Bernd." „Ich vermute, dass wir eine Teilbarkeitsregel für die Zahl 11 herleiten müssen. Ansonsten könnte Peter Sponsio auf keinen Fall innerhalb einer Minute den 11er-Rest einer 30-stelligen Zahl bestimmen." „Du bist auf der richtigen Spur, Anna", ermuntert Theresa.

l) Löse den alten MaRT-Fall.

Anna, Bernd und die Schüler

„Einiges von dem, was wir heute gelernt haben, kannten wir schon, Anna, aber jetzt ist alles mathematisch fundierter. Besonders interessant finde ich die Teilbarkeitsregeln und dass manchmal Kongruenzen mit negativen Zahlen günstig sind." „Da hast du Recht, Bernd. Da hatte Peter Sponsio wieder einmal probiert, eine Wette schmackhaft zu machen, die er selbst auf jeden Fall gewonnen hätte. Ein Glück, dass es die MaRT gibt. Hoffentlich werden wir als Mitglieder aufgenommen." Und Bernd fügt hinzu: „Ich bin schon gespannt, was wir beim nächsten Mal noch über die Modulo-Rechnung lernen."

Was ich in diesem Kapitel gelernt habe

- Ich weiß, was die Modulo-Rechnung ist.
- Ich kenne Rechenregeln für die Modulo-Rechnung und habe sie selbst angewendet. Damit werden viele Rechnungen einfacher oder gar erst möglich.
- Ich habe mehrere Teilbarkeitsregeln bewiesen.

Keine Quadratzahl in Sicht

6

„Hallo, Anna und Bernd. Heute machen wir da weiter, wo wir letzte Woche aufgehört haben. Ich habe wieder einen alten MaRT-Fall mitgebracht. Um die Lösung kümmern wir uns wie üblich erst später. Kennt ihr schon Emilia? Emilia ist ein neues Mitglied im CBJMM.“

Alter MaRT-Fall Emilia ist seit einiger Zeit völlig von Quadratzahlen begeistert. Erst vor kurzem hat sie sich die Frage gestellt, ob es natürliche Zahlen n gibt, für die der Term $7n + 3$ eine Quadratzahl ist. Für $7n + 1$ und $7n + 2$ hatte sie ganz schnell Lösungen gefunden, und zwar 36, das ist $7 \cdot 5 + 1$, und $9 = 7 \cdot 1 + 2$. Aber für $7n + 3$ hatte sie für n schon alle natürlichen Zahlen bis 48 eingesetzt, aber noch immer keine Quadratzahl gefunden. Das hat ihr keine Ruhe gelassen, und deshalb hat sie vor drei Wochen die MaRT um Rat gefragt.

Theresa sagt: „Beim letzten Mal habt ihr eure Kenntnisse in der Modulo-Rechnung aufgefrischt und deutlich erweitert. Hier sind ein paar Aufgaben zur Wiederholung.“

a) Bestimme die kleinsten nicht-negativen Zahlen a, b, c, d, für die die folgenden Kongruenzen richtig sind. Rechne geschickt!

$$102 \equiv a \bmod 4, \quad -319 \equiv b \bmod 11, \tag{6.1}$$
$$34 \cdot 56 + 27 \cdot 58 - 23 \cdot 98 \equiv c \bmod 13, \quad 7^{294} + 9^{312} \equiv d \bmod 8 \tag{6.2}$$

„Ihr kennt ja schon die Menge $Z_m = \{0, 1, \ldots, m-1\}$. Das ist die Menge aller Reste, die auftreten können, wenn man eine ganze Zahl z durch m teilt. Deswegen ist jede Zahl $z \in Z$ zu genau einer Zahl $r \in Z_m$ kongruent modulo m, also $z \equiv r \bmod m$. Heute lernt ihr quadratische Reste kennen.“

S. Schindler-Tschirner und W. Schindler, *Mathematische Geschichten IV – Euklidischer Algorithmus, Modulo-Rechnung und Beweise,* essentials,
https://doi.org/10.1007/978-3-658-33925-8_6

Definition 6.1 Eine Zahl $y \in Z$ heißt *quadratischer Rest modulo m*, wenn eine Zahl $z \in Z$ existiert, für die $z^2 \equiv y \bmod m$ ist. Ferner ist $\mathrm{QR}_m = \{r \in Z_m \mid$ es existiert ein $z \in Z$ mit $z^2 \equiv r \bmod m\}$.

„Vermutlich kennt ihr noch nicht die Art, wie die Menge QR_m beschrieben ist. Vor dem senkrechten Strich stehen die Elemente, die überhaupt in Frage kommen. Hier sind das alle Elemente aus Z_m. In der Menge enthalten sind aber nur diejenigen Elemente, die zusätzlich die Bedingung erfüllen, die hinter dem senkrechten Strich steht. Die Menge QR_m enthält alle $r \in Z_m$, die quadratische Reste modulo m sind."
„Die natürlichen Zahlen kann man also auch so beschreiben, nicht wahr Theresa?"

$$\mathbb{N} = \{z \in Z \mid z > 0\} \tag{6.3}$$

„Sehr gut, Bernd, das ist eine ungewöhnliche, aber vollkommen korrekte Beschreibung der natürlichen Zahlen."

Wenn man QR_m kennt, kennt man alle quadratischen Reste modulo m", erklärt Theresa. „Das liegt daran, dass jedes $y \in Z$ zu einem $r \in Z_m$ kongruent ist. Die quadratischen Reste modulo m sind diejenigen ganzen Zahlen, die zu einem $r \in \mathrm{QR}_m$ kongruent modulo m sind.

„Wir wollen heute QR_m für einige Moduli m bestimmen", kündigt Theresa schon einmal an. „Müssen wir dafür alle ganzen Zahlen ausprobieren?", fragt Anna. „Höchstens alle natürlichen Zahlen, weil $(-n)^2 = n^2$ ist", wirft Bernd ein. „Keine Angst, ihr müsst höchstens alle $r \in Z_m$ ausprobieren", erklärt Theresa. „Seht ihr auch, warum?" Nach kurzem Nachdenken antwortet Anna: „Wenn n eine natürliche Zahl ist, dann ist n zu einem $r \in Z_m$ kongruent. Aus der Multiplikationsregel (5.5) bzw. aus der Potenzregel (5.10) folgt dann

$$n^2 \equiv r^2 \bmod m \tag{6.4}$$

„Sehr gut, Anna", lobt Theresa. „Dann können wir die Menge QR_m einfacher beschreiben", stellt Bernd fest.

$$\mathrm{QR}_m = \{r \in Z_m \mid \text{es existiert ein } z \in Z_m \text{ mit } z^2 \equiv r \bmod m\} \tag{6.5}$$

„Ebenfalls sehr gut, Bernd! Das werden wir für konkrete Rechnungen ausnutzen. Aber ihr solltet auch die Definition von QR_m aus Definition 6.1 nicht vergessen."

b) Bestimme QR_3 und QR_4.
c) Die Zahl z besteht aus 2021 Neunen, d. h. $z = 9999\ldots999$. Beweise, dass z keine Quadratzahl ist.

Teilaufgabe b) konnten Anna und Bernd schnell lösen, aber bei c) kommen sie nicht weiter. „Was hat denn Teilaufgabe c) mit der Modulo-Rechnung zu tun?“, fragt Anna erstaunt und auch etwas ratlos. „Sehr viel! Schaut euch die Definition von QR_m bzw. von QR_4 noch einmal in aller Ruhe an und berechnet den 4er-Rest von z.“ „Danke für den Tipp, jetzt ist alles klar. Es hat z denselben 4er-Rest wie 99, also 3. Die Zahl 3 ist aber kein quadratischer Rest modulo 4. Das haben wir ja in Teilaufgabe b) ausgerechnet. Also kann es keine ganze Zahl y geben, für die $y^2 = z$ ist, denn dann wäre ja $y^2 \equiv z \equiv 3 \mod 4$, was aber unmöglich ist.“

„Ausgezeichnet, Bernd! Und das gilt allgemein für jeden Modul m. Wenn $r \in Z_m$ kein quadratischer Rest modulo m ist, also $r \in Z_m \setminus QR_m$ ist, und gleichzeitig $z \equiv r \mod m$ ist, dann kann z keine Quadratzahl sein.“ Und Anna ergänzt: „Umgekehrt ist die Situation leider weniger günstig. Wenn $r \in QR_m$ ist, dann *kann* z eine Quadratzahl sein, muss es aber nicht. Zum Beispiel haben 5 und 9 beide den 4er-Rest 1, aber nur 9 ist eine Quadratzahl.“

d) Beweise, dass $3^{2021} - 4$ keine Quadratzahl ist.
e) Ist $z = 2^{2022} - 2^{1012} + 1$ eine Quadratzahl?
f) Bestimme QR_{10}.

„Ist euch etwas aufgefallen, als ihr QR_{10} berechnet habt?“ „Ja“, antwortet Anna, „die meisten quadratischen Reste erhält man aus zwei Zahlen. Es haben 1^2 und 9^2, 2^2 und 8^2, 3^2 und 7^2 sowie 4^2 und 6^2 jeweils die gleichen 10er-Reste. „Besteht für jeden Modul m eine solche Regelmäßigkeit, Anna und Bernd? Denkt mal an binomische Formeln.“ „Das ist ja interessant“, ruft Anna plötzlich.

$$(m - r)^2 \equiv m^2 - 2mr + r^2 \equiv 0 + 0 + r^2 \equiv r^2 \mod m \tag{6.6}$$

„Mit dieser Beobachtung kann man die Berechnung von QR_m noch einmal vereinfachen. Ihr müsst nicht mehr m Zahlen quadrieren, sondern nur noch etwas mehr als die Hälfte.“ „Super!“, ruft Bernd, „Das erleichtert unsere Arbeit und erklärt unsere Beobachtungen, als wir QR_{10} bestimmt haben: Es ist ja beispielsweise $8 = 10 - 2$, und deshalb ist $8^2 \equiv 2^2 \mod 10$.“

g) Bestimme QR_9 und QR_{16} effizient. Nutze dazu (6.6) aus.
h) Beweise: Für jedes $r \in QR_m$ gibt es unendlich viele Quadratzahlen, die kongruent r modulo m sind.

„Jetzt ist der alte MaRT-Fall an der Reihe.“

i) Löse den alten MaRT-Fall.
j) Beweise, dass es unendlich viele $n \in \mathbb{N}$ gibt, für die $7n + 1$ eine Quadratzahl ist.

„Mit dem, was wir heute gelernt haben, war der alte MaRT-Fall gar nicht mehr so schwierig. Aber vorher hätten wir das kaum hingekriegt.“ „Ich habe noch zwei Aufgaben für euch dabei, in denen modulo 2 gerechnet wird. Beim Rechnen modulo 2 tritt eine interessante Besonderheit auf, die man manchmal ausnutzen kann.“

k) Beweise: Für alle $x, y \in Z$ gilt: $x - y \equiv x + y \mod 2$.
l) Auf einem Whiteboard stehen die Zahlen 1 bis 12. Nacheinander kommen alle 11 Schüler der Mathe-AG an die Tafel. Jeder Schüler wählt zwei Zahlen aus, die sich zu diesem Zeitpunkt auf dem Whiteboard befinden, streicht beide Zahlen durch und ersetzt sie durch deren Differenz. (Negative Differenzen sind erlaubt.) Abb. 6.1 zeigt einen möglichen Zwischenstand, nachdem zwei Schüler an der Tafel waren. Am Ende steht genau eine Zahl an der Tafel. Beweise, dass diese Zahl gerade ist.
Tipp: Betrachte die Summe der Zahlen modulo 2 und verwende Teilaufgabe k).

Anna, Bernd und die Schüler

„Das war heute wieder spannend. Die Modulo-Rechnung ist immer wieder für überraschende Anwendungen gut, nicht wahr Bernd?“ „Da hast du Recht, Anna. Die letzte Aufgabe mit dem Whiteboard haben wir leider nicht geschafft, aber wenn man die Lösungsidee einmal gesehen hat, ist die Aufgabe gar nicht mehr schwierig.“

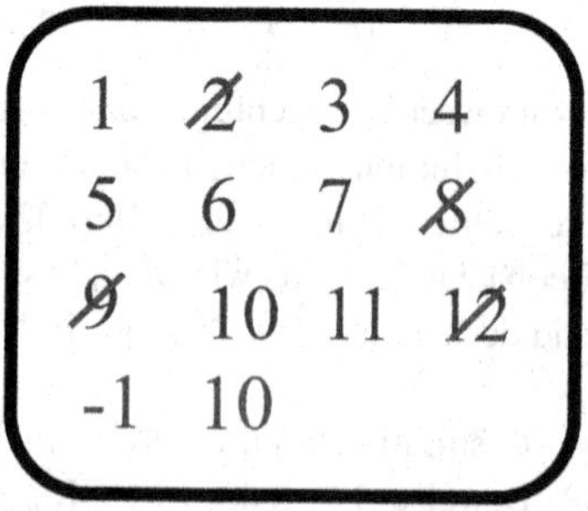

Abb. 6.1 Whiteboard: Bespielhafter Zwischenstand nach zwei Schülern. Der erste Schüler hat 8 und 9 weggestrichen, der zweite 12 und 2

1 2 3 4
5 6 7 8
9 10 11 12
-1 10

Was ich in diesem Kapitel gelernt habe

- Ich bin jetzt noch besser mit der Modulo-Rechnung vertraut.
- Ich weiß jetzt, was quadratische Reste sind.
- Ich habe einiges über Quadratzahlen gelernt.
- Ich habe Beweise verstanden und selbst geführt.

Ein Kirschbaum hat Geburtstag 7

„Ich bin Hanno, euer letzter Mentor. Wenn unser heutiges Treffen vorüber ist, kommt Carl Friedrich vorbei. Er wird euch dann sagen, ob ihr in die MaRT aufgenommen werdet. Heute geht es um Zahlensysteme, genauer gesagt, um Stellenwertsysteme. Ihr wisst doch, was Stellenwertsysteme sind, nicht wahr?"

Alter MaRT-Fall Im Garten von Jolandas Großvater stehen viele Obstbäume. Den Kirschbaum nennt Jolanda gerne „die Nummer 1", weil dies der erste Baum war, den ihr Großvater gepflanzt hat. Im Sommer wird der Kirschbaum 57 Jahre alt. Jolanda möchte wissen, in welchen Stellenwertsystemen die Zahl 57 die Einerziffer 1 hat. Sie möchte aber nicht alle Stellenwertsysteme durchprobieren, sondern sucht eine elegantere Lösung.

„Im Unterricht haben wir neulich das 2er-System kennengelernt", sagt Bernd, und Anna fügt hinzu: „Das 2er-System ist in der Informatik sehr wichtig, weil Computer Zahlen intern so darstellen und damit rechnen." „Sehr gut. Ihr wisst ja schon einiges über das 2er-System. Das 2er-System bezeichnet man übrigens auch als Binärsystem. Es gibt Stellenwertsysteme zu jeder Basis, nicht nur zu 2 und 10."

Definition 7.1 Es sei $g \in \mathbb{N}$, $g \geq 2$. Im Stellenwertsystem zur Basis g stellt man eine Zahl $n \in \mathbb{N}_0$ in Potenzen von g dar, also

$$n = b_{k-1}g^{k-1} + \cdots + b_1 g^1 + b_0 \tag{7.1}$$

Die Koeffizienten $b_0, \ldots, b_{k-1}$ nehmen Werte in der Menge $Z_g = \{0, \ldots, g-1\}$ an. Es ist $n = (b_{k-1} \ldots b_1 b_0)_g$ die Darstellung von n zur Basis g. Dies wird auch als g-adische Darstellung von n bezeichnet. Für die Basis $g = 10$ lassen wir die beiden Klammern und den Index $_{10}$ weg und schreiben (wie üblich) kurz $n = b_{k-1} \ldots b_1 b_0$.

S. Schindler-Tschirner und W. Schindler, *Mathematische Geschichten IV – Euklidischer Algorithmus, Modulo-Rechnung und Beweise*, essentials,
https://doi.org/10.1007/978-3-658-33925-8_7

„Die Zahl n in (7.1) besitzt in der g-adischen Darstellung die Ziffern $b_{k-1}, \ldots, b_0$. Wie groß die Stellenanzahl k ist, hängt natürlich von n ab. Man kann auch negative Zahlen und sogar rationale Zahlen in allen Stellenwertsystemen darstellen, aber das machen wir heute nicht."

„Was ist eigentlich der Unterschied zwischen einem Zahlensystem und einem Stellenwertsystem, Hanno", möchte Bernd wissen. „Stellenwertsysteme sind spezielle Zahlensysteme, bei denen die Position einer Ziffer deren Wert bestimmt. Bei den römischen Zahlzeichen ist das beispielsweise nicht so."

„Könnt ihr die Zahlen 23 und 12 im 2er-System darstellen, Anna und Bernd?" „Das ist nicht schwer", antwortet Anna prompt: „Es ist $23 = 1 \cdot 2^4 + 0 \cdot 2^3 + 1 \cdot 2^2 + 1 \cdot 2^1 + 1$, also $23 = (10111)_2$." Ebenso sicher löst Bernd die zweite Aufgabe: „$12 = 1 \cdot 2^3 + 1 \cdot 2^2 + 0 \cdot 2^1 + 0$, also ist $12 = (1100)_2$.

a) Stelle die Zahlen 63, 64 und 65 im 2er-System dar.
b) Stelle 53 im 7er-, 8er- und 9er-System dar.

„Das Durchprobieren, welche Potenzen der Basis g wie oft auftreten, ist für kleine Zahlen völlig o.k., für große Zahlen aber aufwändig", fährt Hanno fort. „Mal angenommen, es ist $n = (b_{k-1} \ldots b_0)_g$. Wie sieht dann die g-adische Darstellung von gn aus?" Nach kurzem Nachdenken antwortet Bernd: „Es ist $n = b_{k-1}g^{k-1} + \cdots + b_1 g^1 + b_0$. Multipliziert man n mit g, ergibt dies"

$$gn = g\left(b_{k-1}g^{k-1} + \cdots + b_1 g + b_0\right) = b_{k-1}g^k + \cdots + b_1 g^2 + b_0 g \qquad (7.2)$$

„Oder anders ausgedrückt", ergänzt Anna, „$gn = (b_{k-1} \ldots b_0 0)_g$. Die Ziffern der g-adischen Darstellung von n rücken durch die Multiplikation mit der Basis g alle eine Stelle nach links, und ganz rechts wird eine 0 hinzugefügt. Beim 10er-System entspricht das der Multiplikation mit 10."

„Ausgezeichnet! Das ist der Schlüssel. Zum Beispiel ist $25 : 2 = 12$ Rest 1, d. h. $25 = 2 \cdot 12 + 1$. Im 2er-System ist also die letzte Ziffer $b_0 = 1$, und $b_1, b_2, \ldots$ erhält man, indem man 12 im 2er-System darstellt und die Ziffern links neben die 1 schreibt. Aus $12 = (1100)_2$ folgt $25 = (11001)_2$". „Nicht schlecht", meint Bernd, „schließlich ist 12 nur ungefähr halb so groß wie 25. Aber wenn man mit einer sehr großen Zahl beginnt, dann ist die Hälfte auch noch ziemlich groß." „Das stimmt, aber man kann diesen Trick wiederholen. In unserem Beispiel ist $12 = 6 \cdot 2 + 0$. Deshalb ist $b_1 = 0$, und $b_2, b_3, \ldots$ erhält man, indem man die Binärziffern von 6 links neben die Ziffern ‚01' schreibt. Das geht so weiter. Man teilt einfach immer kleinere Zahlen mit Rest durch 2, und im allgemeinen Fall durch die Basis g."

Tab. 7.1 Umrechnung der Hexadezimalziffern in Stellenwertsysteme zu den Basen $g = 10$ und $g = 2$

Basis	Ziffer															
16	0	1	2	3	4	5	6	7	8	9	A	B	C	D	E	F
10	0	1	2	3	4	5	6	7	8	9	10	11	12	13	14	15
2	0000	0001	0010	0011	0100	0101	0110	0111	1000	1001	1010	1011	1100	1101	1110	1111

c) Stelle 275 im 2er-System dar.
d) Stelle 452 im 7er-System dar.
e) Beweise, dass die Aussagen (i) und (ii) gleichwertig sind:
(i) Die Zahl n endet in der g-adischen Darstellung mit mindestens t Nullen.
(ii) Die Zahl n ist durch g^t teilbar.

„Neben dem 2er-System ist in der Informatik das 16er-System sehr wichtig", erklärt Hanno. „Das 16er-System bezeichnet man übrigens auch als Hexadezimalsystem." „Brauchen wir dafür nicht 16 Ziffern?" „Das ist völlig richtig, Anna!"

$$\text{Ziffern im 16er-System: } 0, 1, 2, 3, 4, 5, 6, 7, 8, 9, A, B, C, D, E, F \qquad (7.3)$$

„Dabei entsprechen die Ziffern A, B, C, D, E und F im 10er-System den Zahlen 10, 11, 12, 13, 14 und 15. Tab. 7.1 zeigt die Umrechnung der Hexadezimalziffern in das 10er- und das 2er-System.

f) Rechne $n = (A86D)_{16}$ und $m = (FFF)_{16}$ in das 2er-System um.
Tipp: Ersetze die Ziffern in der 16-adischen Darstellung einzeln durch die entsprechenden vierstelligen Binärzahlen. Im linkesten (d. h. höchstwertigen) 4-Bit-Block können die Führungsnullen weggelassen werden.
g) Rechne $n = (1001110111)_2$ und $m = (11000000011101)_2$ in das 16er-System um.
Tipp: Unterteile die 2-adische Darstellung von rechts in 4er-Blöcke, und ersetze die Binärdarstellung jeder 4er-Gruppe durch die entsprechende Ziffer im 16er-System.

„Deshalb ist das 16er-System in der Informatik sehr verbreitet. Im Vergleich zum 2er-System reduziert sich die Anzahl der Ziffern auf etwa ein Viertel, und das Umrechnen vom 2er-System in das 16er-System und umgekehrt ist sehr einfach.

Man kann übrigens in jedem Stellenwertsystem schriftlich Addieren, Subtrahieren, Multiplizieren und Dividieren. An die Stelle der 10 tritt die Basis g."

h) Berechne die folgenden Aufgaben schriftlich im jeweiligen Stellenwertsystem: $(1011)_2 + (1001)_2$, $(AFFE)_{16} + (BAD)_{16}$, $(2112)_4 - (1031)_4$ und $(53)_7 \cdot (25)_7$.

„Jetzt ist der alte MaRT-Fall dran. Außerdem habe ich zum Abschluss noch ein paar Aufgaben mitgebracht, die Zahlensysteme mit Themen aus den vorangegangenen Kapiteln verbinden."

i) Löse den alten MaRT-Fall.
j) Wie viele Zahlen, die nicht kleiner als 100 und nicht größer als 500 sind, enden in der 6-adischen Darstellung mit mindestens 2 Nullen und in der 8-adischen Darstellung mit mindestens einer Null?
k) Beweise die folgende Teilbarkeitsregel: Eine Zahl im 7er-System besitzt denselben 6er-Rest wie ihre Quersumme.
l) In einem alten mathematischen Pergament findet Professor Numerus eine Zahl im 2er-System, nämlich $n = (* * * * 1*)_2$. Die gesternten Ziffern sind leider vollkommen unleserlich, und auch die genaue Anzahl der Ziffern lässt sich nicht mit Sicherheit rekonstruieren.
Beweise, dass $n = (* * * * 1*)_2$ keine Quadratzahl ist.
m) Es seien $n_1 = 99\ldots99$ und $n_2 = (11\ldots11)_2$. Beide Zahlen bestehen aus jeweils 2022 Ziffern. Beweise, dass weder n_1 noch n_2 eine Primzahl ist.

„Ihr wart heute wirklich gut, Anna und Bernd. Wartet bitte hier, bis Carl Friedrich kommt, um euch das Ergebnis mitzuteilen. Ich wünsche euch beiden viel Glück!"

Anna, Bernd und die Schüler

Ein paar Minuten später kommt der Clubvorsitzende Carl Friedrich in den Raum und lächelt freundlich: „Der Clubvorstand hat gerade über euren Aufnahmeantrag in die MaRT beraten und abgestimmt. Herzlichen Glückwunsch! Ihr seid aufgenommen, Anna und Bernd, und zwar einstimmig! Ihr habt euch wieder ausgezeichnet geschlagen, genau wie damals bei der Aufnahmeprüfung in den CBJMM. Willkommen in der MaRT", sagt Carl Friedrich feierlich und überreicht Anna und Bernd das kombinierte Clubwappen (Abb. 7.1).

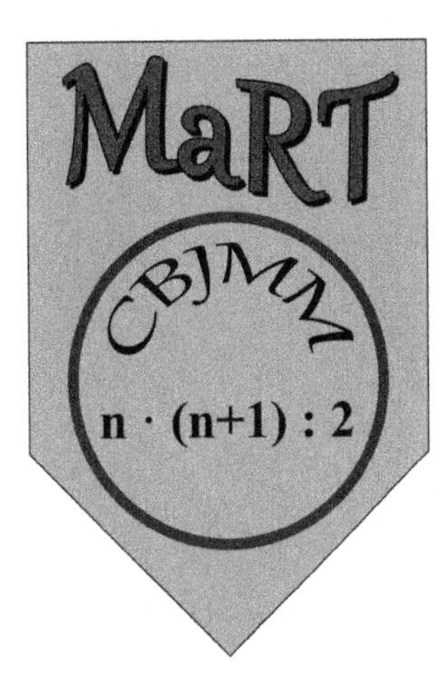

Abb. 7.1 Anna und Bernd dürfen jetzt das kombinierte Clubwappen des CBJMM und der MaRT tragen

Anna und Bernd strahlen: „Wir haben wieder sehr viel gelernt. Wir haben noch mehr Beweise als bei unserer Aufnahmeprüfung in den CBJMM geführt.“ Anna ergänzt: „Durch die Beweise bekommt man ein tieferes Verständnis für die Sachverhalte“, und Bernd meint schließlich: „Gemeinsam macht Mathematik noch mehr Spaß als alleine.“

Was ich in diesem Kapitel gelernt habe

- Ich habe Stellenwertsysteme wiederholt und verstehe sie besser als vorher.
- Ich habe Aufgaben zu Stellenwertsystemen bearbeitet und gelöst, in denen auch Techniken aus den vorangegangenen Kapiteln vorkommen.
- Ich habe wieder Beweise geführt.

Teil II Musterlösungen

Teil II enthält ausführliche Musterlösungen zu den Aufgaben aus Teil I. Um umständliche Formulierungen zu vermeiden, wird im Folgenden normalerweise nur der „Kursleiter" angesprochen. Tab. II.1 zeigt die wichtigsten mathematischen Techniken, die in den Aufgabenkapiteln zur Anwendung kommen.

In den Musterlösungen werden auch die mathematischen Ziele der einzelnen Kapitel erläutert, und es werden Ausblicke über den Tellerrand hinaus gegeben, wo die erlernten mathematischen Techniken und Methoden in und außerhalb der Mathematik noch Einsatz finden. Zuweilen werden historische Bezüge angesprochen. Dies mag die Schüler zusätzlich motivieren, sich mit der Thematik des jeweiligen Kapitels weitergehend zu beschäftigen. Außerdem kann es ihr Selbstvertrauen fördern, wenn sie erfahren, dass die erlernten Techniken auch bei sehr fortgeschrittenen mathematischen Fragestellungen eingesetzt werden.

Tab. II.1 Übersicht: Mathematische Inhalte der Aufgabenkapitel

Kapitel	Mathematische Techniken	Ausblicke
Kap. 2	ggT, Euklidischer Algorithmus, Beweise	Zahlentheorie, Algorithmus, Kryptographie, Historisches
Kap. 3	Euklidischer Algorithmus, kgV, Beweise, Anwendungen	vgl. Kap. 8
Kap. 4	Binomische Formeln, Extremwertaufgaben, Faktorisieren	Binomische Formeln für größere Exponenten, Mathematikwettbewerbe
Kap. 5	Modulo-Rechnung, Rechenregeln, Teilbarkeitsregeln	vgl. Kap. 12
Kap. 6	Modulo-Rechnung, quadratische Reste, Beweise	Zahlentheorie, Kryptographie, Mathematikwettbewerbe
Kap. 7	Stellenwertsysteme, Umrechnung, Teilbarkeit, Verknüpfung mit früheren Kapiteln, Beweise	Informatik, Kryptographie (RSA)

Jedes Aufgabenkapitel endet mit einer Zusammenstellung „Was ich in diesem Kapitel gelernt habe“. Dies ist ein Pendant zu Tab. II.1, allerdings in schülergerechter Sprache. Der Kursleiter kann die Lernerfolge mit den Teilnehmern gemeinsam erarbeiten. Dies kann z. B. beim folgenden Kurstreffen geschehen, um das letzte Kapitel noch einmal zu rekapitulieren.

Musterlösung zu Kap. 2 8

In Kap. 2 und 3 wird der Euklidische Algorithmus behandelt. Dies ist üblicherweise kein Schulstoff. Motiviert wird er durch einen alten MaRT-Fall. Zuerst stehen drei Teilaufgaben auf dem Programm, in denen der größte gemeinsame Teiler von zwei bzw. von drei Zahlen aus deren Primfaktorzerlegungen berechnet wird, was die Schüler aus dem Unterricht kennen. Später werden die Schüler die praktischen Schwierigkeiten dieses Vorgehens erkennen, wenn große Zahlen auftreten.

Didaktische Anregung Die Schüler beginnen mit etwas Vertrautem, was erste Erfolgserlebnisse bieten sollte. Falls dies einigen Schülern Schwierigkeiten bereitet, z. B. weil die ggT-Berechnung im Mathematikunterricht noch nicht behandelt wurde, bietet es sich an, dass der Kursleiter zusätzliche Aufgaben stellt.

a) Die Teilaufgaben a)–c) sind reine Rechenaufgaben.

$$30 = 2 \cdot 3 \cdot 5, \quad 45 = 3^2 \cdot 5, \qquad \text{also} \qquad \mathrm{ggT}(30, 45) = 3 \cdot 5 = 15 \quad (8.1)$$

$$117 = 3^2 \cdot 13\,, \quad 51 = 3 \cdot 17, \qquad \text{also} \qquad \mathrm{ggT}(117, 51) = 3 \quad (8.2)$$

b)

$$24 = 2^3 \cdot 3, \quad 36 = 2^2 \cdot 3^2, \qquad \text{also} \qquad \mathrm{ggT}(24, 36) = 2^2 \cdot 3 = 12 \quad (8.3)$$

$$64 = 2^6, \quad 35 = 5 \cdot 7, \qquad \text{also} \qquad \mathrm{ggT}(64, 35) = 1 \quad (8.4)$$

c)

$$27 = 3^3, \quad 39 = 3 \cdot 13, \quad 81 = 3^4, \qquad \text{also} \qquad \mathrm{ggT}(27, 39, 81) = 3 \quad (8.5)$$

S. Schindler-Tschirner und W. Schindler, *Mathematische Geschichten IV – Euklidischer Algorithmus, Modulo-Rechnung und Beweise*, essentials,
https://doi.org/10.1007/978-3-658-33925-8_8

In den Teilaufgaben d) und e) werden bereits bekannte Ergebnisse mit dem jeweils anderen Verfahren (Primfaktorzerlegung bzw. Euklidischer Algorithmus) nachgerechnet. Dies ist so beabsichtigt, damit die Schüler die 'Gleichwertigkeit' beider Verfahren an einfachen Beispielen erfahren. Das ist natürlich kein Beweis, auch wenn vielleicht einige Schüler diese Vermutung äußern sollten.

d)

$$54 = 2 \cdot 3^3, \quad 15 = 3 \cdot 5, \qquad \text{also} \qquad \text{ggT}(54, 15) = 3 \tag{8.6}$$

e) Hinweis: Wenn man die Reihenfolge der Zahlen 24 und 36 vertauscht, also ggT(36, 24) berechnet, führt dies natürlich zum gleichen Ergebnis, spart aber einen Rechenschritt. Gl. (8.7) vertauscht lediglich die Reihenfolge der Zahlen 24 und 36.

$$24 = 0 \cdot 36 + 24 \tag{8.7}$$
$$36 = 1 \cdot 24 + 12 \tag{8.8}$$
$$24 = 2 \cdot 12 \tag{8.9}$$

Somit ist $\text{ggT}(24, 36) = 12$. Ebenso erhält man $\text{ggT}(64, 35) = 1$.

$$64 = 1 \cdot 35 + 29 \tag{8.10}$$
$$35 = 1 \cdot 29 + 6 \tag{8.11}$$
$$29 = 4 \cdot 6 + 5 \tag{8.12}$$
$$6 = 1 \cdot 5 + 1 \tag{8.13}$$
$$5 = 5 \cdot 1 \tag{8.14}$$

Didaktische Anregung Es mag für Schüler selbstverständlich erscheinen, dass Algorithmen terminieren, d. h. zum Ende kommen. Dies ist aber nicht so und kann im Kurs thematisiert werden. Ein einfaches Beispiel für einen Algorithmus, der nicht terminiert: Setze $a := 1$ und erhöhe a solange um 1, bis der Wert 0 erreicht ist (unerreichbare Abbruchbedingung). In den Teilaufgaben f), g), h) und i) wird bewiesen, dass der Euklidische Algorithmus tatsächlich $\text{ggT}(x, y)$ berechnet. Das ist aber für Schüler nicht ganz einfach. Es liegt im Ermessen des Kursleiters, den Beweis an das Ende des Kapitels zu stellen oder einzelne Teilaufgaben wegzulassen.

In f) werden zwei Aussagen gezeigt, die in g) und h) benötigt werden. Teilaufgabe i) führt die Ergebnisse aus g) und h) zusammen.

f) Da d die Zahlen a und b teilt, gibt es ganze Zahlen ℓ und k, so dass $a = d\ell$ und $b = dk$ ist. (Genauer: Es ist $\ell = \frac{a}{d}$ und $k = \frac{b}{d}$.) Es ist

$$a + b = d\ell + dk = d(\ell + k) \tag{8.15}$$

Da $\ell + k$ eine ganze Zahl ist, ist $a + b$ ein Vielfaches von d. Ebenso zeigt man, dass $a - b$ ein Vielfaches von d ist:

$$a - b = d\ell - dk = d(\ell - k) \tag{8.16}$$

g) Es sei nun $d = \text{ggT}(x, y) = \text{ggT}(r_1, r_2)$. Daher teilt d die beiden Zahlen r_1 und r_2 und damit auch $\ell_1 r_2$ für beliebiges $\ell \in Z$. Aus Gl. (2.6) folgt $r_3 = r_1 - \ell_1 r_2$. Aus Teilaufgabe f) folgt mit $a = r_1$ und $b = \ell_1 r_2$, dass d auch r_3 teilt. Aus Gl. (2.7) folgt auf dieselbe Weise, dass d neben r_2 und r_3 auch r_4 teilt. Setzt man diese Überlegung an den weiteren Gleichungen fort, so zeigt dies, dass d die Zahlen $r_1, r_2, r_3, r_4, \ldots, r_m$ teilt. Damit ist diese Teilaufgabe bewiesen.

h) Gl. (2.9) besagt, dass r_m die Zahl r_{m-1} teilt. Aus Gl. (2.8) und Teilaufgabe f) (mit $a = \ell_{m-2} r_{m-1}$ und $b = r_m$) folgt, dass r_m auch r_{m-2} teilt. Diese Schlussweise setzt man fort, indem man die Gleichungen von unten nach oben durchgeht. Daraus folgt schließlich, dass r_m auch r_1 und r_2 teilt. Damit teilt r_m auch den $\text{ggT}(r_1, r_2)$, womit auch diese Teilaufgabe bewiesen ist.

i) Aus Teilaufgabe g) folgt, dass es ein $k \in Z$ gibt, für das $\text{ggT}(x, y) = kr_m$ ist. Da $\text{ggT}(x, y)$ und r_m positiv sind, ist $k \in \mathbb{N}$. Ebenso folgt aus h), dass es ein $\ell \in \mathbb{N}$ gibt, für das $r_m = \ell\,\text{ggT}(x, y)$ ist. Zweifaches Einsetzen ergibt

$$\text{ggT}(x, y) = kr_m = k\ell\,\text{ggT}(x, y) \quad \text{und damit} \tag{8.17}$$

$$1 = k\ell \tag{8.18}$$

Die Gl. (8.18) erhält man, indem man Gl. (8.17) durch $\text{ggT}(x, y)$ teilt. Wegen $k, \ell \geq 1$ folgt aus Gl. (8.18), dass $k = 1$ und $\ell = 1$ ist. Somit ist $\text{ggT}(x, y) = r_m$, und auch diese Teilaufgabe ist bewiesen.

Da die Schüler inzwischen den Euklidischen Algorithmus kennen und anwenden können, stellt der alte MaRT-Fall kein besonderes Problem mehr dar, außer dass viele Einzelschritte notwendig sind, die sorgfältig durchgeführt werden müssen.

j) (alter MaRT-Fall) Es ist $r_1 = 31.031.596$ und $r_2 = 11.021.650$. Die ersten Schritte sind

$$31.031.596 = 2 \cdot 11.021.650 + 8.988.296 \quad (8.19)$$
$$11.021.650 = 1 \cdot 8.988.296 + 2.033.354 \quad (8.20)$$
$$8.988.296 = 4 \cdot 2.033.354 + 854.880 \quad (8.21)$$
$$2.033.354 = 2 \cdot 854.880 + 323.594 \quad (8.22)$$
$$854.880 = 2 \cdot 323.594 + 207.692 \quad (8.23)$$
$$323.594 = 1 \cdot 207.692 + 115.902 \quad (8.24)$$
$$207.692 = 1 \cdot 115.902 + 91.790 \quad (8.25)$$

Um Platz zu sparen, stehen ab jetzt in jeder Zeile zwei Gleichungen.

$$115.902 = 1 \cdot 91.790 + 24.112, \quad 91.790 = 3 \cdot 24.112 + 19.454 \quad (8.26)$$
$$24.112 = 1 \cdot 19.454 + 4658, \quad 19.454 = 4 \cdot 4658 + 822 \quad (8.27)$$
$$4658 = 5 \cdot 822 + 548, \quad 822 = 5 \cdot 548 + 274 \quad (8.28)$$
$$548 = 2 \cdot 274 \quad (8.29)$$

Damit ist der alte MaRT-Fall gelöst. Es ist $\text{ggT}(31.031.596, 11.021.650) = 274$. Daher kann man den Bruch durch 274 kürzen.

$$\frac{31.031.596}{11.021.650} = \frac{113.254}{40.225} \quad (8.30)$$

Die beiden letzten Aufgaben sind reine Rechenaufgaben, damit die Schüler den Euklidischen Algorithmus weiter üben. Außerdem sehen die Schüler an Teilaufgabe l), dass der Euklidische Algorithmus zuweilen selbst bei relativ großen Zahlen nur sehr wenige Schritte benötigt.

k) Wegen $\text{ggT}(5751, 7100) = \text{ggT}(7100, 5751)$ dürfen wir $r_1 = 7100$ und $r_2 = 5751$ setzen. (Andernfalls (für $r_1 = 5751$ und $r_2 = 7100$) erfordert dies wie in e) einen zusätzlichen Schritt.)

$$7100 = 1 \cdot 5751 + 1349, \quad 5751 = 4 \cdot 1349 + 355 \quad (8.31)$$
$$1349 = 3 \cdot 355 + 284, \quad 355 = 1 \cdot 284 + 71 \quad (8.32)$$
$$284 = 4 \cdot 71 \quad (8.33)$$

Daher kann man den Bruch durch $\text{ggT}(7100, 5751) = 71$ kürzen.

$$\frac{5751}{7100} = \frac{81}{100} \tag{8.34}$$

l) Hier ist $r_1 = 1536$ und $r_2 = 1152$. Der Euklidische Algorithmus führt hier sehr schnell zum Ziel.

$$1536 = 1 \cdot 1152 + 384, \qquad 1152 = 3 \cdot 384 \tag{8.35}$$

Also ist $\text{ggT}(1536, 1152) = 384$. In dieser Teilaufgabe wäre es auch einfach, die Primfaktorzerlegungen zu berechnen:

$$1536 = 2^9 \cdot 3, \qquad 1152 = 2^8 \cdot 3^2 \tag{8.36}$$

Mathematische Ziele und Ausblicke

Der Euklidische Algorithmus gehört zu den fundamentalsten Algorithmen in der Zahlentheorie. Die Schüler bekommen einen ersten Eindruck, was ein Algorithmus ist. Der Euklidische Algorithmus kann nicht nur auf natürliche Zahlen, sondern auch in allgemeineren algebraischen Strukturen angewandt werden. Die Anwendung des Euklidischen Algorithmus auf Polynome könnte von älteren Schülern nachvollzogen werden.

Der Euklidische Algorithmus ist normalerweise kein Schulstoff, wohl aber fester Bestandteil von einführenden Mathematikvorlesungen in die Zahlentheorie, und auch im Informatikstudium steht er auf dem Lehrplan. Der Euklidische Algorithmus und der erweiterte Euklidische Algorithmus werden auch in der Kryptographie benötigt, z. B. zum Erzeugen von RSA-Schlüsselpaaren.

Beschrieben wurde der Euklidische Algorithmus (genauer gesagt, eine geometrisch ausgerichtete Vorversion) bereits um 300 v. Chr. in Kap. VII (Prop. 2) von Euklids "Elementen“, die zwei Jahrtausende großen Einfluss auf die Mathematik ausübten; vgl. z. B. (Crilly 2009, S. 62 u. S. 108 ff.)

Musterlösung zu Kap. 3

9

Kap. 3 vertieft das Verständnis des Euklidischen Algorithmus, und es wird der Zusammenhang zwischen dem ggT und dem kgV beleuchtet. In den Teilaufgaben c) und h) führen die Schüler wieder zwei größere Beweise. Zu den reinen Rechenaufgaben und zu offensichtlichen Rechenschritten sind die Musterlösungen kurz gehalten. Dafür werden komplizierte Sachverhalte ausführlicher erläutert.

In a) und b) wird der Euklidische Algorithmus wiederholt und weiter eingeübt. Es sollten keine besonderen Schwierigkeiten auftreten, sodass die Schüler wieder Erfolgserlebnisse sammeln können. Das ist vor allem für die leistungsschwächeren Teilnehmer wichtig.

a) Der Euklidische Algorithmus liefert

$$324 = 1 \cdot 292 + 32, \qquad 292 = 9 \cdot 32 + 4 \tag{9.1}$$

$$32 = 8 \cdot 4 \tag{9.2}$$

Also ist $\mathrm{ggT}(324, 292) = 4$.

b) Der Euklidische Algorithmus ergibt $\mathrm{ggT}(529, 317) = 1$. Ausführlich:

$$529 = 1 \cdot 317 + 212, \qquad 317 = 1 \cdot 212 + 105 \tag{9.3}$$

$$212 = 2 \cdot 105 + 2, \qquad 105 = 52 \cdot 2 + 1 \tag{9.4}$$

$$2 = 2 \cdot 1 \tag{9.5}$$

Didaktische Anregung Auf reine Rechenaufgaben folgt wieder ein Beweis. Der Beweis verwendet Primfaktorzerlegungen, während für konkrete Rechnungen (mit großen Zahlen) der Euklidische Algorithmus deutlich effizienter ist. Das liegt daran, dass man im Beweis die Primfaktorzerlegungen nicht explizit bestimmen muss. Es

S. Schindler-Tschirner und W. Schindler, *Mathematische Geschichten IV – Euklidischer Algorithmus, Modulo-Rechnung und Beweise*, essentials,
https://doi.org/10.1007/978-3-658-33925-8_9

genügt vielmehr das Wissen, dass Primfaktorzerlegungen existieren und eindeutig sind. Dieser Unterschied sollte mit den Schülern herausgearbeitet werden.

c) Greift man Stavros Hinweis auf, erhält man die Darstellungen

$$x = p_1^{a_1} \cdot p_2^{a_2} \cdot \dots \cdot p_m^{a_m}, \quad y = p_1^{b_1} \cdot p_2^{b_2} \cdot \dots \cdot p_m^{b_m}, \quad z = p_1^{c_1} \cdot p_2^{c_2} \cdot \dots \cdot p_m^{c_m} \tag{9.6}$$

$$\text{mit} \quad a_1, \dots, a_m, b_1, \dots, b_m, c_1, \dots c_m \in \mathbb{N}_0 \tag{9.7}$$

Um Schreibarbeit zu sparen, bezeichnen wir das Minimum der Zahlen u und v mit $\min\{u, v\}$, und ebenso bezeichnet $\min\{u, v, w\}$ das Minimum der Zahlen u, v und w. Es ist bekanntlich

$$\text{ggT}(x, y, z) = p_1^{\min\{a_1,b_1,c_1\}} \cdot p_2^{\min\{a_2,b_2,c_2\}} \cdot \dots \cdot p_m^{\min\{a_m,b_m,c_m\}} \tag{9.8}$$

Ist $\min\{a_j, b_j, c_j\} = 0$, tritt p_j in höchstens zwei Primfaktorzerlegungen auf und damit nicht in der Primfaktorzerlegung von $\text{ggT}(x, y, z)$. Dann ist $p_j^{\min\{a_j,b_j,c_j\}} = 1$. Außerdem ist

$$\text{ggT}(y, z) = p_1^{\min\{b_1,c_1\}} \cdot p_2^{\min\{b_2,c_2\}} \cdot \dots \cdot p_m^{\min\{b_m,c_m\}} \quad \text{und damit} \tag{9.9}$$

$$\text{ggT}(x, \text{ggT}(y, z)) = p_1^{\min\{a_1,\min\{b_1,c_1\}\}} \cdot \dots \cdot p_m^{\min\{a_m,\min\{b_m,c_m\}\}} \tag{9.10}$$

Man kann das Minimum aus drei Zahlen schrittweise berechnen, indem man zunächst das Minimum von zwei Zahlen bestimmt, d. h.

$$\min\{a_j, \min\{b_j, c_j\}\} = \min\{a_j, b_j, c_j\} \qquad \text{für alle} \qquad j = 1, 2, \dots, m \tag{9.11}$$

Das bedeutet, dass jede Primzahl p_j in Gl. (9.8) und in Gl. (9.10) den gleichen Exponenten besitzt. Daraus folgt $\text{ggT}(x, y, z) = \text{ggT}(x, \text{ggT}(y, z))$, und Formel (3.2) ist bewiesen.

d) Dies ist eine Rechenaufgabe, in der die Formel (3.2) Anwendung findet. Die Zahlen 820, 2214 und 1722 wurden so gewählt, dass der Euklidische Algorithmus nur wenige Schritte erfordert.

$$2214 = 1 \cdot 1722 + 492, \qquad 1722 = 3 \cdot 492 + 246 \tag{9.12}$$

$$492 = 2 \cdot 246 \tag{9.13}$$

Es ist also $\text{ggT}(2214, 1722) = 246$. Der zweite ggT-Schritt ergibt

$$820 = 3 \cdot 246 + 82, \qquad 246 = 3 \cdot 82 \tag{9.14}$$

Also ist $\text{ggT}(820, 2214, 1722) = 82$.

Es folgen drei Aufgaben zum kgV. Anders als beim Euklidischen Algorithmus werden hier Primfaktorzerlegungen berechnet. Wenn die Schüler aus dem Mathematikunterricht die ggT-Berechnung kennen, so wissen sie mit hoher Wahrscheinlichkeit auch, wie man das kgV bestimmt. Die Teilaufgaben e) und f) sind reine Rechenaufgaben, während g) zusätzliche Überlegungen erfordert.

e) Zunächst bestimmen wir die Primfaktorzerlegungen von 27 und 36.

$$27 = 3^3, \quad 36 = 2^2 \cdot 3^2, \qquad \text{also} \qquad \text{kgV}(27, 36) = 2^2 \cdot 3^3 = 108 \tag{9.15}$$

Im Gegensatz zur ggT-Berechnung gehen in den kgV die Primfaktoren in der höchsten Potenz ein, in der sie in einer der Zahlen enthalten sind. Ebenso folgt

$$21 = 3 \cdot 7, \quad 23 = 23, \qquad \text{also} \qquad \text{kgV}(21, 23) = 3 \cdot 7 \cdot 23 = 483 \tag{9.16}$$

f) Die 1 hat keinen Einfluss auf den kgV. Daher genügt es, die Zahlen $2, \ldots, 7$ zu berücksichtigen.

$$2 = 2, \quad 3 = 3, \quad 4 = 2^2, \quad 5 = 5, \quad 6 = 2 \cdot 3, \quad 7 = 7, \tag{9.17}$$

$$\text{also} \qquad \text{kgV}(1, 2, 3, 4, 5, 6, 7) = 2^2 \cdot 3 \cdot 5 \cdot 7 = 420 \tag{9.18}$$

g) Eine natürliche Zahl n ist genau dann durch 3 und 7 teilbar, wenn n ein Vielfaches von $\text{kgV}(3, 7) = 21$ ist. Oder anders ausgedrückt: $n = 21 \cdot k$, wobei k eine natürliche Zahl ist. Es ist $100 : 21 = 4$ Rest 16. Daher ist $21 \cdot 5 = 105$ das kleinste Vielfache von 21, das ≥ 100 ist. Wegen $10.000 : 21 = 476$ Rest 4 ist $21 \cdot 476 = 9996$ das größte Vielfache von 21, das ≤ 10.000 ist. Es bleibt also zu klären, wieviele Elemente die Menge $V = \{105, 126, \ldots, 9996\}$ enthält.
Dies könnte man feststellen, indem man die Vielfachen von 21 ausrechnet, aufschreibt und zählt. Es geht aber auch viel einfacher. Es ist nämlich $V = \{21 \cdot 5, 21 \cdot 6, \ldots, 21 \cdot 476\}$. Wenn wir jedes Element in V durch 21 teilen, erhalten wir die Menge $W = \{5, 6, \ldots, 476\}$. Offensichtlich besitzt W genauso viele Elemente wie V, und zwar $476 - 4 = 472$.

Didaktische Anregung Die Teilaufgabe h) enthält den zweiten größeren Beweis in diesem Kapitel. Das Vorgehen ist ähnlich wie in Teilaufgabe c). Auf die Parallelen sollte hingewiesen werden. Abhängig vom Leistungsstand der Kursteilnehmer kann der Beweis auch weggelassen oder vom Kursleiter vorgerechnet werden. Die Teilaufgabe j) sollte den leistungsstärksten Kursteilnehmern vorbehalten sein.

h) Wie in c) bezeichnen wir die Primzahlen, die in den Primfaktorzerlegungen von x oder y (oder in beiden) vorkommen, mit $p_1, \ldots, p_m$. Dann ist

$$x = p_1^{a_1} \cdot p_2^{a_2} \cdot \ldots \cdot p_m^{a_m}, \quad y = p_1^{b_1} \cdot p_2^{b_2} \cdot \ldots \cdot p_m^{b_m} \qquad (9.19)$$
$$\text{mit} \quad a_1, \ldots, a_m, b_1, \ldots, b_m \in \mathbb{N}_0$$

Aus der Lösung von c) wissen wir bereits, dass

$$\text{ggT}(x, y) = p_1^{\min\{a_1,b_1\}} \cdot p_2^{\min\{a_2,b_2\}} \cdot \ldots \cdot p_m^{\min\{a_m,b_m\}} \qquad (9.20)$$

gilt, und das Pendant zu Gl. (9.20) für den kgV lautet

$$\text{kgV}(x, y) = p_1^{\max\{a_1,b_1\}} \cdot p_2^{\max\{a_2,b_2\}} \cdot \ldots \cdot p_m^{\max\{a_m,b_m\}} \qquad (9.21)$$

Dabei bezeichnet $\max\{u, v\}$ das Maximum der Zahlen u und v. Wie man leicht sieht, ist $\max\{u, v\} + \min\{u, v\} = u + v$. (Für $u \leq v$ ist $\max\{u, v\} = v$ und $\min\{u, v\} = u$, und für $u > v$ gilt $\max\{u, v\} = u$ und $\min\{u, v\} = v$.)

$$\text{kgV}(x, y) \cdot \text{ggT}(x, y) = \qquad (9.22)$$
$$p_1^{\max\{a_1,b_1\}} \cdot \ldots \cdot p_m^{\max\{a_m,b_m\}} \cdot p_1^{\min\{a_1,b_1\}} \cdot \ldots \cdot p_m^{\min\{a_m,b_m\}} = \qquad (9.23)$$
$$p_1^{\max\{a_1,b_1\}+\min\{a_1,b_1\}} \cdot \ldots \cdot p_m^{\max\{a_m,b_m\}+\min\{a_m,b_m\}} = \qquad (9.24)$$
$$p_1^{a_1+b_1} \cdot \ldots \cdot p_m^{a_m+b_m} = p_1^{a_1} \cdot \ldots \cdot p_m^{a_m} \cdot p_1^{b_1} \cdot \ldots \cdot p_m^{b_m} = x \cdot y \qquad (9.25)$$

Die Zeile (9.24) erhält man aus (9.23), indem man die Primzahlpotenzen umsortiert und auf jeden Primfaktor das Potenzgesetz $z^u \cdot z^v = z^{u+v}$ anwendet, während in (9.25) in umgekehrter Richtung umsortiert wird. Damit ist Gl. (3.4) bewiesen.

i) (alter MaRT-Fall) Dividiert man in Gl. (3.4) beide Seiten durch $\text{ggT}(x, y)$, erhält man

$$\text{kgV}(x, y) = \frac{xy}{\text{ggT}(x, y)} \qquad \text{für alle} \qquad x, y \in \mathbb{N} \qquad (9.26)$$

Einsetzen von $x = 31.031.596$, $y = 11.021.650$ und $\text{ggT}(x, y) = 274$ (Kap. 8, j)) in Gl. (9.26) ergibt

$$\text{kgV}(31.031.596, 11.021.650) = \frac{342.019.390.053.400}{274} = 1.248.245.949.100 \tag{9.27}$$

Der gesuchte Hauptnenner ist also 1.248.245.949.100. Ergänzend sei angemerkt, dass $\frac{1}{31.031.596} + \frac{1}{11.021.650} = \frac{153.479}{1.248.245.949.100}$.

j) Dividiert man die Gl. (3.4) durch $(\text{ggT}(x, y))^2$, setzt dann die Zahlenwerte der Aufgabe ein und bestimmt vom Ergebnis die Primfaktorzerlegung, ergibt dies

$$\frac{\text{kgV}(x, y)}{\text{ggT}(x, y)} = \frac{xy}{(\text{ggT}(x, y))^2} = \frac{16.687.049.515.747}{158.171^2} = 667 = 23 \cdot 29 \tag{9.28}$$

Multipliziert man den ersten und letzten Term mit $\text{ggT}(x, y)$, ergibt das

$$\text{kgV}(x, y) = 23 \cdot 29 \cdot \text{ggT}(x, y) \tag{9.29}$$

Also kommt der Primfaktor 23 in $\text{kgV}(x, y)$ einmal häufiger vor als in $\text{ggT}(x, y)$. Daher kommt 23 in der Primfaktorzerlegung von x entweder einmal mehr oder einmal weniger vor als in der Primfaktorzerlegung von y. Das gleiche gilt für 29, während alle übrigen Primfaktoren von x und y (sofern es solche gibt) gleich häufig auftreten (d. h. mit denselben Exponenten), und genauso häufig treten sie auch in $\text{ggT}(x, y)$ auf. Also ist $x \in \{\text{ggT}(x, y), \text{ggT}(x, y) \cdot 23, \text{ggT}(x, y) \cdot 29, \text{ggT}(x, y) \cdot 23 \cdot 29\}$, und das gleiche gilt für y.
Der Wert von x legt y eindeutig fest. Aus dem zweiten und letzten Term in Gl. (9.28) folgt $xy = (\text{ggT}(x, y))^2 \cdot 23 \cdot 29$. Vernachlässigt man zunächst die Voraussetzung $x > y$, gibt es 4 Lösungspaare für (x, y), und zwar ist $(x, y) \in \{(\text{ggT}(x, y), \text{ggT}(x, y) \cdot 23 \cdot 29), (\text{ggT}(x, y) \cdot 23, \text{ggT}(x, y) \cdot 29), (\text{ggT}(x, y) \cdot 29, \text{ggT}(x, y) \cdot 23), (\text{ggT}(x, y) \cdot 23 \cdot 29, \text{ggT}(x, y))\}$. Berücksichtigt man noch $x > y$, bleiben das dritte und vierte Lösungspaar übrig. Ersetzt man $\text{ggT}(x, y)$ durch 158 171, folgt daraus, dass sich Patricia die Zahlen $(x, y) = (4.586.959, 3.637.933)$ oder $(x, y) = (105.500.057, 158.171)$ ausgedacht hat.

Mathematische Ziele und Ausblicke

vgl. Kap. 8

Musterlösung zu Kap. 4 10

Dieses Kapitel befasst sich mit den binomischen Formeln. Dabei werden verschiedene Anwendungsmöglichkeiten angesprochen und behandelt. Ab Teilaufgabe g) verlassen die Anwendungen den üblichen Schulstoff. Sie entsprechen vielmehr fortgeschrittenen Aufgaben aus Mathematikwettbewerben.

Didaktische Anregung In a) und b) wiederholen die Schüler zunächst das Ausmultiplizieren von Klammertermen. Schüler in der Klassenstufe 7 sollten die binomischen Formeln bereits kennen, während sie für die jüngeren Schüler vermutlich Neuland sind. Deswegen werden sie in Kap. 4 vorgestellt und in c) und d) angewandt und nachgerechnet. Der Kursleiter kann Schülern, die die binomischen Formeln noch nicht kennen, individuell weitere einfache Übungsaufgaben zum Ausmultiplizieren und Anwenden der binomischen Formeln geben.

a) Es ist

$$3(x+5) = 3 \cdot x + 3 \cdot 5 = 3x + 15 \tag{10.1}$$

$$6(6+y) = 6 \cdot 6 + 6 \cdot y = 36 + 6y \tag{10.2}$$

$$3z(4+a) = 3z \cdot 4 + 3z \cdot a = 12z + 3az \tag{10.3}$$

Anmerkung: Es ist $3az$ das gleiche wie $3za$.

b) Es ist

$$(b-c)a = b \cdot a - c \cdot a = ab - ac \tag{10.4}$$

$$(a+b)(c+d) = a \cdot c + a \cdot d + b \cdot c + b \cdot d = ac + ad + bc + bd \tag{10.5}$$

$$(a-b)(-c+d) = -a \cdot c + a \cdot d + b \cdot c - b \cdot d = -ac + ad + bc - bd \tag{10.6}$$

S. Schindler-Tschirner und W. Schindler, *Mathematische Geschichten IV – Euklidischer Algorithmus, Modulo-Rechnung und Beweise*, essentials,
https://doi.org/10.1007/978-3-658-33925-8_10

c) In dieser Teilaufgabe werden die binomischen Formeln angewandt. Es ist

$$(x+5)^2 = x^2 + 2 \cdot 5 \cdot x + 5^2 = x^2 + 10x + 25 \tag{10.7}$$
$$(a-7)^2 = a^2 - 2 \cdot 7a + 7^2 = a^2 - 14a + 49 \tag{10.8}$$
$$(100+z)(100-z) = 100^2 - z^2 = 10.000 - z^2 \tag{10.9}$$

d) Die binomischen Formeln verifiziert man durch das Ausmultiplizieren der Klammern und das anschließende Zusammenfassen von Termen.

$$(x+y)^2 = (x+y)(x+y) = x^2 + xy + yx + y^2 = x^2 + 2xy + y^2 \tag{10.10}$$
$$(x-y)^2 = (x-y)(x-y) = x^2 - xy - yx + (-y)^2 = x^2 - 2xy + y^2 \tag{10.11}$$
$$(x+y)(x-y) = x^2 - xy + yx + -y^2 = x^2 - y^2 \tag{10.12}$$

Didaktische Anregung In e) werden Brüche mit Hilfe binomischer Formeln gekürzt. Das ist standardmäßiger Schulstoff. In f) sehen wir, dass binomische Formeln auch beim Kopfrechnen nützlich sind. Obwohl naheliegend, scheint diese Erkenntnis weniger verbreitet zu sein. Die Teilaufgaben e) und f) sollten von allen Schülern ohne größere Probleme gelöst werden können.

e) Mit der ersten bzw. der dritten binomischen Formel erhält man

$$\frac{x+2}{x^2+4x+4} = \frac{x+2}{(x+2)^2} = \frac{1}{x+2} \tag{10.13}$$
$$\frac{a^2-b^2}{a+b} = \frac{(a+b)(a-b)}{a+b} = a-b \tag{10.14}$$

f) Es ist

$$102 \cdot 98 = (100+2)(100-2) = 100^2 - 2^2 = 10.000 - 4 = 9996 \tag{10.15}$$
$$999 \cdot 1001 = (1000-1)(1000+1) = 1000^2 - 1^2 = 999.999 \tag{10.16}$$
$$101^2 = (100+1)^2 = 100^2 + 2 \cdot 100 \cdot 1 + 1^2 = 10.000 + 200 + 1 = 10\,201 \tag{10.17}$$

Die folgenden Teilaufgaben gehen über den Schulstoff hinaus. Die Suche nach Extremwerten (Minima und Maxima) findet normalerweise in der Oberstufe im Rahmen von Kurvendiskussionen statt. Beim alten MaRT-Fall, in h) und i) werden binomische Formeln verwendet, um Minima und Maxima von quadratischen Termen zu bestimmen.

g) (alter MaRT-Fall) Ein Rechteck wird durch seine Seitenlängen a und b beschrieben. Wenn Willi ein quadratisches Beet anlegt, ist $a = b = 3$ m. Im allgemeinen Fall ist $a = 3 + x$, wobei x eine rationale Zahl ist. (Die Einheit m lassen wir hier und im Folgenden weg.) Da der Umfang des Beetes 12 ist, gilt $2a + 2b = 12$, also $2b = 12 - 2a$, und es folgt

$$2b = 12-2(3+x) = 12-6-2x = 6-2x \qquad \text{und damit} \quad b = 3-x \quad (10.18)$$

Abb. 10.1 ergänzt Abb. 4.1. Für die Fläche A des Beetes folgt

$$A = (3 + x)(3 - x) = 9 - x^2 \quad (10.19)$$

Da $x^2 \geq 0$ für alle $x \in Q$ gilt, erhält Willi das größte Beet, wenn $x^2 = 0$ ist. Das ist aber nur für $x = 0$ der Fall. Willi sollte daher ein quadratisches Beet mit der Seitenlänge 3 m anlegen.

h) Aus der zweiten binomischen Formel folgt

$$x^2 - 6x + 9 = (x - 3)^2 \quad (10.20)$$

Da $(x - 3)^2 \geq 0$ ist, ist (10.20) minimal, wenn $x - 3 = 0$, d. h. falls $x = 3$ ist.

i) Diese Teilaufgabe löst man wie h). Allerdings ist hier ein zusätzlicher Schritt notwendig, um eine binomische Formel anwenden zu können. Dazu wird in (10.21) zunächst 2 addiert und gleich wieder subtrahiert.

$$x^2 + 4x + 2 = x^2 + 4x + 2 + 2 - 2 = x^2 + 4x + 4 - 2 \quad \text{und damit} \quad (10.21)$$

$$x^2 + 4x + 2 = (x + 2)^2 - 2 \quad (10.22)$$

Wie in h) ist (10.22) minimal, falls $(x+2)^2 = 0$ ist. Das ist für $x+2 = 0$ der Fall, also für $x = -2$. Setzt man in (10.22) $x = 2$, erhält man $((-2)+2)^2 - 2 = -2$. Daher ist -2 der kleinste Werte, den $x^2 + 4x + 2$ annehmen kann.

In den letzten Teilaufgaben lernen die Schüler einen neuen „Trick" kennen, nämlich das Faktorisieren. Faktorisieren ist häufig zielführend, wenn man ganzzahlige Lösungen einer Gleichung sucht. Dazu formt man eine Summe oder Differenz in ein Produkt um. Damit dieses Produkt einen bestimmten Wert annehmen kann (z. B. 101 in Teilaufgabe j)), müssen die Faktoren diesen Wert teilen. Dies schränkt die Zahl

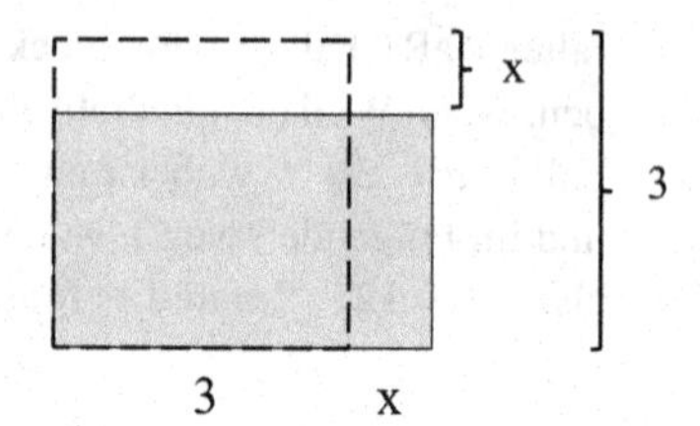

Abb. 10.1 Rechteckiges Radieschenbeet mit den Seitenlängen $3 + x$ und $3 - x$; quadratisches Beet mit Umfang 12 ist gestrichelt

der Lösungen deutlich ein. Faktorisieren ist ein geeigneter Ansatz zum Berechnen konkreter Lösungen, aber auch zum Führen von Beweisen.

Didaktische Anregung Vermutlich sind für die Teilaufgaben j) - l) einige Hilfestellungen notwendig. Andererseits ist das prinzipielle Vorgehen, wenn man es erst einmal gesehen hat, leicht zu verstehen (wenngleich nicht immer einfach anzuwenden). In j) und k) treten als zusätzliche Schwierigkeit zwei lineare Gleichungen auf.

j) Aus der dritten binomischen Formel erhält man

$$n^2 - m^2 = (n + m)(n - m) = 101 \tag{10.23}$$

Für $n, m \in \mathbb{N}$ ist $n + m > 1$. Da 101 eine Primzahl ist, muss $n - m = 1$ gelten, weil 101 sonst ein Produkt von zwei natürlichen Zahlen wäre, die beide > 1 sind. Aus $n - m = 1$ folgt $n = m + 1$. Ersetzt man in Gl. (10.23) n durch $m + 1$, erhält man $(n+m) \cdot 1 = (m+1+m) = 2m+1 = 101$. Daraus folgt $m = 50$ und damit $n = 50 + 1 = 51$, und es ist $(n, m) = (51, 50)$ das einzige Lösungspaar.

k) Wie in j) erhält man zunächst

$$n^2 - m^2 = (n + m)(n - m) = 95 \tag{10.24}$$

Es ist $95 = 5 \cdot 19$ (Primfaktorzerlegung). Daher besitzt 95 vier Teiler, und zwar $1, 5, 19$ und 95. Wegen $n + m > 0$ muss auch $n - m > 0$ sein. Da $n + m$ und $n - m$ ganze Zahlen sind, folgt aus Gl. (10.24) $n + m, n - m \in \{1, 5, 19, 95\}$. Wegen $n - m < n + m$ ist entweder $n - m = 1$ und $n + m = 95$, oder es ist $n - m = 5$ und $n + m = 19$. Im ersten Fall ist $n = m + 1$ und damit $2m + 1 = 95$, also $m = 47$ und $n = 48$. Im zweiten Fall ist $n = m + 5$ und damit $2m + 5 = 19$, also $m = 7$ und $n = 12$. Anders als in j) gibt es hier zwei Lösungspaare, und zwar $(n, m) = (48, 47)$ und $(n, m) = (12, 7)$.

l) Angenommen, für die Primzahl p ist $p + 1$ eine Quadratzahl. Dann existiert eine natürliche Zahl $n \in \mathbb{N}$, für die

$$p + 1 = n^2 \qquad \text{und damit} \qquad p = n^2 - 1 = (n + 1)(n - 1) \tag{10.25}$$

gilt. Es ist $n + 1 > 1$ für alle $n \in \mathbb{N}$, und weil p eine Primzahl ist, muss wie in j), $n - 1 = 1$ gelten. Daher kommt nur $n = 2$ als Lösung in Frage. Dann ist $p = 2^2 - 1 = 3$, und 3 ist tatsächlich eine Primzahl. Daher ist $p = 3$ die einzige Primzahl, die die Aufgabenstellung erfüllt.
Hinweis: Die Probe, ob $p = n^2 - 1$ eine Primzahl ist, ist notwendig. Man betrachte z. B. die geänderte Aufgabenstellung, in der nicht $p + 1$, sondern $p + 16$ eine Quadratzahl sein soll. Wie oben erhält man $p = (n + 4)(n - 4)$, so dass nur $n = 5$ als Lösung in Frage kommt. Dann wäre $p = 9$, aber 9 ist keine Primzahl.

Mathematische Ziele und Ausblicke

Die binomischen Formeln haben wegen ihrer vielfältigen Anwendungsmöglichkeiten Aufnahme in dieses *essential* gefunden. Die Schüler haben grundlegende Beweistechniken gelernt, die auch in fortgeschrittenen Aufgaben von Mathematikwettbewerben in der Unter-, Mittel- und Oberstufe regelmäßig vorkommen. Wie in den letzten Teilaufgaben liefert die geeignete Anwendung einer binomischen Formel dort meist nur einen Beweisschritt, aber nicht die gesamte Lösung. Der interessierte Leser sei z. B. auf die Mathematik-Olympiaden (Mathematik-Olympiaden e.V. 1996–2016, 2017–2020) (581231, 521141, 510923 usw.) verwiesen; zur Systematik der Aufgabennummern vgl. z. B. (Schindler-Tschirner und Schindler 2021, Kap. 9). Fortgeschrittene Aufgaben zum Faktorisieren findet man z. B. in (Meier 2003, Kap. 6). Binomische Formeln existieren nicht nur für den Exponenten 2, sondern für alle natürlichen Zahlen.

Musterlösung zu Kap. 5 11

In den „Mathematischen Geschichten II" (Schindler-Tschirner und Schindler 2019b) wurde die Modulo-Rechnung in Kap. 6 und 7 eingeführt und angewandt. In diesem Band behandeln Kap. 5 und 6 die Modulo-Rechnung. Entsprechend der altersbedingt größeren intellektuellen Reife der Schüler und unter Berücksichtung des in der Zwischenzeit erlernten Schulstoffs wird das Verständnis der Modulo-Rechnung deutlich vertieft, und es werden schwierigere Aufgaben behandelt.

Es sei angemerkt, dass viele Lehrwerke die Modulo-Rechnung wie folgt einführen: Es ist $a \equiv b \mod m$, falls m die Differenz $a - b$ teilt (z. B. Menzer und Althöfer 2014, Definition 2.4.1). Dies ist jedoch zur modulo-Definition in Definition 5.2 äquivalent, wovon man sich leicht überzeugen kann (vgl. Menzer und Althöfer 2014, Satz 2.4.1). Wir haben uns für Definition 5.2 entschieden, weil sie sich unmittelbar an Divisionsresten orientiert und für Unterstufenschüler anschaulicher sein sollte.

Didaktische Anregung Natürlich sind Schüler, die bereits mit den „Mathematischen Geschichten II" (Schindler-Tschirner und Schindler 2019b) gearbeitet haben, gegenüber den anderen Kursteilnehmern zunächst im Vorteil. Allerdings werden diese Vorkenntnisse nicht vorausgesetzt. In Kap. 5 wiederholen Anna und Bernd in einem Dialog mit Theresa die wichtigsten Eigenschaften der Modulo-Rechnung, die sie in (Schindler-Tschirner und Schindler 2019b) gelernt haben. Die Teilaufgabe a) ist ziemlich einfach und dient zur Wiederholung bzw. zum Erlernen, wie man die Modulo-Rechnung auf nicht-negative Zahlen anwendet. Abhängig von der Zusammensetzung des Kurses kann es hilfreich sein, wenn der Kursleiter noch weitere Übungsaufgaben stellt.

S. Schindler-Tschirner und W. Schindler, *Mathematische Geschichten IV – Euklidischer Algorithmus, Modulo-Rechnung und Beweise,* essentials,
https://doi.org/10.1007/978-3-658-33925-8_11

a) Die Teilaufgabe a) beschränkt sich auf positive Zahlen.

$$\text{Es ist } 20 : 12 = 1 \text{ Rest } 8. \text{ Daher ist } 20 \equiv 8 \mod 12 \tag{11.1}$$
$$\text{Es ist } 32 : 12 = 2 \text{ Rest } 8. \text{ Daher ist } 32 \equiv 8 \mod 12 \tag{11.2}$$
$$\text{Es ist } 20 : 7 = 2 \text{ Rest } 6. \text{ Daher ist } 20 \equiv 6 \mod 7 \tag{11.3}$$
$$\text{Es ist } 20 : 8 = 2 \text{ Rest } 4. \text{ Daher ist } 20 \equiv 4 \mod 8 \tag{11.4}$$

Es sind also $a = 8$, $b = 8$, $c = 6$ und $d = 4$.

b) Teilaufgabe b) ist ebenfalls eine Rechenaufgabe. Allerdings werden jetzt die Reste von negativen Zahlen berechnet. Dazu stellen wir diese Zahlen dar, wie Theresa dies in Kap. 5 erklärt hat.

$$\text{Es ist } -20 = (-2) \cdot 12 + 4. \text{ Daher ist } -20 \equiv 4 \mod 12 \tag{11.5}$$
$$\text{Es ist } -32 = (-3) \cdot 12 + 4. \text{ Daher ist } -32 \equiv 4 \mod 12 \tag{11.6}$$
$$\text{Es ist } -20 = (-3) \cdot 7 + 1. \text{ Daher ist } -20 \equiv 1 \mod 7 \tag{11.7}$$
$$\text{Es ist } -20 = (-3) \cdot 8 + 4. \text{ Daher ist } -20 \equiv 4 \mod 8 \tag{11.8}$$

Es sind also $a = 4$, $b = 4$, $c = 1$ und $d = 4$.

c) In Teilaufgabe c) nutzen wir den „Additionstrick", den Theresa erklärt und in (5.6) und (5.7) illustriert hat. Dies kann auch schrittweise geschehen (3. Aufgabe).

$$-120 \equiv -120 + 13 \cdot 10 \equiv -120 + 130 \equiv 10 \mod 13 \tag{11.9}$$
$$-1232 \equiv -1232 + 124 \cdot 10 \equiv -1232 + 1240 \equiv 8 \mod 10 \tag{11.10}$$
$$-1000 \equiv -1000 + 700 \equiv -300 \equiv -300 + 350 \equiv 50 \equiv 1 \mod 7 \tag{11.11}$$
$$-20 \equiv -20 + 23 \equiv 3 \mod 23 \tag{11.12}$$

Es sind also $a = 10$, $b = 8$, $c = 1$ und $d = 3$.

d) Es ist $7{:}4 = 1$ Rest 3, also ist $7 \equiv 3 \mod 4$. Daher ist 7 zu jeder ganzen Zahl modulo 4 kongruent, die bei einer Division durch 4 den Rest 3 besitzt. Also ist $7 \equiv y \mod 4$ für alle $y \in M$, wobei

$$M = \{a \cdot 4 + 3 \mid a \in Z\}, \quad \text{d.h. } M = \{\ldots, -5, -1, 3, 7, 11, \ldots\} \tag{11.13}$$

Didaktische Anregung Einen Beweis der Rechenregeln (5.3) und (5.5) findet man z. B. in (Menzer et al. 2014), Satz 2.4.2, R4) u. R6). Rechenregel (5.4) folgt direkt aus den Rechenregeln (5.3) und (5.5), da $-z \equiv +(-1)z$ und $-z' \equiv +(-1)z'$ ist. Falls Schüler dies nicht selbst ansprechen, braucht dies nicht thematisiert werden.

In Teilaufgabe e) wird die Rechenregel (5.10) bewiesen. Faktisch wird ein Induktionsbeweis geführt, ohne dass dies explizit thematisiert wird. Es ist zu erwarten, dass diese Teilaufgabe zumindest einigen Schülern Probleme bereiten wird. Der Kursleiter kann diesen Beweis zurückstellen oder auch ganz weglassen. Allerdings sollte die Rechenregel (5.10) auf jeden Fall an dieser Stelle besprochen werden, weil sie in den darauffolgenden Teilaufgaben benötigt wird.

e) Für $n = 1$ gibt es nichts zu zeigen, und für $n = 2$ ist $x^2 = x \cdot x$ und $(x')^2 = x' \cdot x'$, sodass Rechenregel (5.10) direkt aus der Multiplikationsregel (5.5) folgt. Ebenso gilt

$$x^3 \equiv x^2 \cdot x \equiv (x')^2 \cdot x' \equiv (x')^3 \mod m \tag{11.14}$$

Dies folgt aus (5.5) für $y = x^2$, $y' = (x')^2$, $z = x$ und $= x'$, denn wir wissen ja bereits, dass $x^2 \equiv (x')^2 \mod m$ gilt. Wie in (11.14) zeigt man Schritt für Schritt, dass (5.10) nicht nur für $n = 1, 2, 3$ gilt, sondern auch für $n = 4, 5, \ldots$. Damit ist (5.10) bewiesen.

f) Wir müssen zeigen, dass die Summe $4^{2020} + 5^{2021}$ den Dreierrest 0 besitzt. Wendet man die Rechenregel für Potenzen (5.10) auf 4^{2020} und 5^{2021} an, erhält man

$$4^{2020} + 5^{2021} \equiv 1^{2020} + 2^{2021} \equiv 1 + 2^{2021} \mod 3 \tag{11.15}$$

Damit haben wir unser Problem schon deutlich vereinfacht. Es muss aber noch der Dreierrest von 2^{2021} berechnet werden. Hierzu bieten sich zwei Möglichkeiten an: So ist $-1 \equiv -1 + 3 \equiv 2 \mod 3$. Ersetzt man in (11.15) in der letzten Potenz die Basis 2 durch -1, so folgt, weil 2021 ungerade ist,

$$4^{2020} + 5^{2021} \equiv 1 + 2^{2021} \equiv 1 + (-1)^{2021} \equiv 1 - 1 \equiv 0 \mod 3 \tag{11.16}$$

womit der Beweis abgeschlossen ist. (Hier hat sich die Kongruenz zu einer negativen Zahl als äußerst nützlich herausgestellt.)
Daneben existiert eine allgemeinere Beweisidee, die auch für Basen geeignet ist, die nicht kongruent -1 modulo m sind. Es ist nämlich $2^2 \equiv 4 \equiv 1 \mod 3$ und $2021 = 1 + 1010 \cdot 2$. Wendet man die bekannten Potenzgesetze auf 2^{2021} an, folgt aus (11.15)

$$4^{2020} + 5^{2021} \equiv 1 + 2^{2021} \equiv 1 + 2^1 \cdot 2^{2020} \equiv 1 + 2 \cdot (2^2)^{1010} \equiv$$
$$1 + 2 \cdot 1^{1010} \equiv 1 + 2 \cdot 1 \equiv 1 + 2 \equiv 0 \mod 3 \tag{11.17}$$

Damit ist ein zweiter Beweis für diese Teilaufgabe gelungen.

g) Wendet man die Rechenregel für Potenzen (5.10) auf 10^n an, erhält man wegen $10 \equiv 1 \mod 9$

$$(10)^n \equiv 1^n \equiv 1 \mod 9 \qquad \text{für alle } n \in \mathbb{N} \tag{11.18}$$

h) Vorüberlegung: Angenommen, die Zahl n besteht (von links nach rechts gelesen) aus den k Ziffern $b_{k-1}b_{k-2}\dots b_0$, wobei $k \in \mathbb{N}$ ist. Dann ist

$$n = b_{k-1} \cdot 10^{k-1} + b_{k-2} \cdot 10^{k-2} + \cdots + b_1 \cdot 10 + b_0 \tag{11.19}$$

Diese Vorüberlegung wird auch in den folgenden Teilaufgaben verwendet.
In dieser Teilaufgabe gilt es, den 9er-Rest von (11.19) zu berechnen. Aus der Rechenregel (5.9) wissen wir, dass wir die Summanden und deren Faktoren in (11.19) getrennt behandeln dürfen. Die Koeffizienten $b_{k-1}, \dots, b_0$ lassen wir einfach stehen (sie sind kongruent zu sich selbst), aber die Zehnerpotenzen ersetzen wir unter Berücksichtigung von (11.18) durch 1. Dies ergibt

$$\begin{aligned} n = b_{k-1} \cdot 10^{k-1} + b_{k-2} \cdot 10^{k-2} + \cdots + b_1 \cdot 10 + b_0 \equiv \\ b_{k-1} \cdot 1 + b_{k-2} \cdot 1 + \cdots + b_1 \cdot 1 + b_0 \equiv b_{k-1} + b_{k-2} + \cdots + b_1 + b_0 \mod 9 \end{aligned} \tag{11.20}$$

Damit ist h) bewiesen.

i) In i) führen wir die gleichen Teilschritte durch wie in g) und h), jedoch für den Modul 3 anstelle von 9.

$$(10)^j \equiv 1^j \equiv 1 \mod 3 \qquad \text{für alle } j \in \mathbb{N} \quad \text{und damit} \tag{11.21}$$

$$n \equiv b_{k-1} \cdot 1 + \cdots + b_1 \cdot 1 + b_0 \equiv b_{k-1} + \cdots + b_1 + b_0 \mod 3 \tag{11.22}$$

j) Das allgemeine Vorgehen (zunächst die Zehnerpotenzen betrachten) kennen wir bereits. Da 10 ohne Rest durch 5 teilbar ist, ist $10 \equiv 0 \mod 5$. Damit folgt aus (11.19)

$$(10)^j \equiv 0^j \equiv 0 \mod 5 \qquad \text{für alle } j \in \mathbb{N} \quad \text{und damit} \tag{11.23}$$

$$n \equiv b_{k-1} \cdot 0 + \cdots + b_1 \cdot 0 + b_0 \equiv b_0 \mod 5 \tag{11.24}$$

k) Für $k = 1$ oder $k = 2$ ist die Teilbarkeitsregel offensichtlich richtig. Wir beweisen jetzt, dass sie auch für $k \geq 3$ richtig ist. Wegen $100{:}4 = 25$ ist

$10^2 = 100 \equiv 0 \bmod 4$. Daraus folgt

$$(10)^j \equiv (10)^{j-2} \cdot 10^2 \equiv (10)^{j-2} \cdot 0 \equiv 0 \bmod 4 \qquad \text{für alle } j \geq 2\,, \quad (11.25)$$
$$n \equiv b_{k-1} \cdot 0 + \cdots + b_2 \cdot 0 + b_1 \cdot 10 + b_0 \equiv b_1 \cdot 10 + b_0 \bmod 4 \qquad (11.26)$$

l) (alter MaRT-Fall) Wir gehen wie in den vorherigen Teilaufgaben vor. Allerdings muss hier zwischen Zehnerpotenzen mit geradem und ungeradem Exponenten unterschieden werden. Aus $10 \equiv -1 \bmod 11$ folgt

$$10^j \equiv (-1)^j \bmod 11 \quad \text{für alle } j \in \mathbb{N}, \quad \text{und damit} \qquad (11.27)$$
$$n \equiv b_{k-1} \cdot 10^{k-1} + \cdots + b_2 \cdot 10^2 + b_1 \cdot 10 + b_0 \equiv$$
$$b_{k-1} \cdot (-1)^{k-1} + b_{k-2} \cdot (-1)^{k-2} + \cdots + b_2 - b_1 + b_0 \bmod 11 \qquad (11.28)$$

(Für $j = 0, 1, 2$ wurde $(-1)^j$ ausgerechnet.) Schreibt man die rechte Seite von (11.28) in umgekehrter Reihenfolge, erhält man $n \equiv b_0 - b_1 + b_2 - \cdots + (-1)^{k-1} b_{k-1} \bmod 11$ (alternierende Vorzeichen ‚+' und ‚−'). Gl. (11.29) illustriert die Teilbarkeitsregel für 11 an einem Beispiel. Dazu gehen wir die Ziffern von rechts nach links durch.

$$6.529.561 \equiv 1-6+5-9+2-5+6 \equiv -6 \equiv -6+11 \equiv 5 \bmod 11 \qquad (11.29)$$

Um die Wette zu gewinnen, hätte Peter Sponsio innerhalb einer Minute lediglich 30 Ziffern addieren und subtrahieren und anschließend den 11er-Rest der Summe berechnen müssen. Mit etwas Übung sollte dies problemlos möglich sein. Deswegen hat die MaRT Ernst dringend abgeraten, die Wette anzunehmen.

Anmerkung: Wenn man nur mit nichtnegativen Resten rechnet, dann erhält man die Kongruenz $n \equiv b_0 + 10 \cdot b_1 + b_2 + 10 b_3 + \cdots \bmod 11$. Das ist ebenfalls korrekt, aber es treten größere Zwischenwerte auf.

Mathematische Ziele und Ausblicke

vgl. Kap. 12

12 Musterlösung zu Kap. 6

In Kap. 6 wird die Modulo-Rechnung fortgesetzt und weiter vertieft. Der größte Teil dieses Kapitels befasst sich mit quadratischen Resten. Damit kann man in vielen Fällen mit nur geringem Aufwand nachweisen, dass gegebene (große) Zahlen oder gar unendliche Mengen von Zahlen keine Quadratzahlen sein bzw. keine Quadratzahlen enthalten können.

Didaktische Anregung Teilaufgabe a) wiederholt und übt Rechenregeln für die Modulo-Rechung, die im letzten Kapitel besprochen wurden. Je nach dem Leistungsstand der Schüler kann es hilfreich oder notwendig sein, wenn der Kursleiter weitere, ähnlich gelagerte Übungsaufgaben stellt.

a) Hier werden die Rechengesetze für die Modulo-Rechnung aus Kap. 5 angewendet.

$$102{:}4 = 25 \text{ Rest } 2. \text{ Daher ist } 102 \equiv 2 \mod 4 \tag{12.1}$$

$$-319 \equiv -319 + 30 \cdot 11 \equiv -319 + 330 \equiv 11 \equiv 0 \mod 11 \tag{12.2}$$

$$34 \cdot 56 + 27 \cdot 58 - 23 \cdot 98 \equiv 8 \cdot 4 + 1 \cdot 6 - 10 \cdot 7 \equiv 32 + 6 - 70 \equiv -32 \equiv -32 + 39 \equiv 7 \mod 13 \tag{12.3}$$

$$7^{294} + 9^{312} \equiv (-1)^{294} + 1^{312} \equiv 1 + 1 \equiv 2 \mod 8 \tag{12.4}$$

Es sind also $a = 2$, $b = 0$, $c = 7$ und $d = 2$.

Anmerkung: Definition 6.1 folgt bei den quadratischen Resten (Menzer et al. 2014, Definition 5.3.3). Es sei angemerkt, dass in vielen Werken zur Zahlentheorie die zusätzliche Eigenschaft $\mathrm{ggT}(y, m) = 1$ verlangt wird.

S. Schindler-Tschirner und W. Schindler, *Mathematische Geschichten IV – Euklidischer Algorithmus, Modulo-Rechnung und Beweise*, essentials,
https://doi.org/10.1007/978-3-658-33925-8_12

b) Wir bestimmen die Mengen QR_3 und QR_4. Wegen (6.5) genügt es, alle Elemente aus Z_3 bzw. Z_4 zu quadrieren und dann die 3er- bzw. 4er-Reste der Quadrate zu bestimmen.
(i) $0^2 \equiv 0 \mod 3$, $1^2 \equiv 1 \mod 3$, $2^2 \equiv 4 \equiv 1 \mod 3$. Also ist $QR_3 = \{0, 1\}$.
(ii) $0^2 \equiv 0 \mod 4$, $1^2 \equiv 1 \mod 4$, $2^2 \equiv 4 \equiv 0 \mod 4$, $3^2 \equiv 9 \equiv 1 \mod 4$. Also ist $QR_4 = \{0, 1\}$.

Didaktische Anregung Da Anna und Bernd die Teilaufgabe c) zunächst nicht lösen können, nimmt dies Theresa zum Anlass, an dieser Stelle gemeinsam mit Anna und Bernd den Zusammenhang zwischen quadratischen Resten und Quadratzahlen genauer zu beleuchten. Sofern kein Schüler eine Lösung zu c) präsentiert, erscheint es sinnvoll, wenn der Kursleiter diese Überlegungen parallel zur Lösung von c) bespricht. Er kann darauf hinweisen, dass auch Anna und Bernd nicht alle Aufgaben selbstständig lösen können.

c) Aus der Teilbarkeitsregel für die Zahl 4 (vgl. Kap. 5, Teilaufgabe k)) folgt zunächst

$$z = 9999\ldots999 \equiv 99 \equiv 3 \mod 4 \tag{12.5}$$

Aus Teilaufgabe b) wissen wir, dass $3 \notin QR_4$ ist. Da 3 kein quadratischer Rest modulo 4 ist, kann z keine Quadratzahl sein.

Didaktische Anregung Teilaufgabe d) ähnelt c), und e) stellt den Bezug zu den binomischen Formeln her, die in Kap. 4 behandelt wurden. Außerdem erinnert e) die Schüler daran, stets wachsam zu sein und „ergebnisoffen" zu denken.

d) Während wir in c) modulo 4 gerechnet haben, führt hier der Dreierrest zum Ziel.

$$3^{2021} - 4 \equiv 0^{2021} - 4 \equiv -4 \equiv -4 + 6 \equiv 2 \mod 3 \tag{12.6}$$

Aus Teilaufgabe b) wissen wir bereits, dass $2 \notin QR_3$ ist. Daher kann $3^{2021} - 4$ keine Quadratzahl sein.

e) Wegen

$$z = 2^{2022} - 2^{1012} + 1 = \left(2^{1011}\right)^2 - 2 \cdot 2^{1011} + 1 = (2^{1011} - 1)^2 \tag{12.7}$$

ist z eine Quadratzahl.
Anmerkung: Anders als in c) und d) ist z eine Quadratzahl. Es liegt auf der

Hand, dass alle Versuche, mit Hilfe von quadratischen Resten das Gegenteil nachzuweisen, scheitern müssen.

f) Es ist

$$\begin{aligned} &0^2 \equiv 0 \bmod 10\,, \quad 1^2 \equiv 1 \bmod 10\,, \quad 2^2 \equiv 4 \bmod 10\,, \quad 3^2 \equiv 9 \bmod 10\,, \\ &4^2 \equiv 16 \equiv 6 \bmod 10\,, \quad 5^2 \equiv 25 \equiv 5 \bmod 10\,, \quad 6^2 \equiv 36 \equiv 6 \bmod 10\,, \\ &7^2 \equiv 49 \equiv 9 \bmod 10\,, \quad 8^2 \equiv 64 \equiv 4 \bmod 10\,, \quad 9^2 \equiv 81 \equiv 1 \bmod 10\,, \\ &\text{also ist} \quad QR_{10} = \{0, 1, 4, 5, 6, 9\} \end{aligned} \tag{12.8}$$

g) Wir bestimmen zunächst QR_9. Wegen (6.6) genügt es, die Quadrate von $r = 0, 1, 2, 3, 4$ zu berechnen. Für $r = 5, 6, 7, 8$ ist das nicht nötig, weil $9 - 4 = 5$, $9 - 3 = 6$, $9 - 2 = 7$ und $9 - 1 = 8$ ist. Mit diesen Vorüberlegungen folgt

$$\begin{aligned} &0^2 \equiv 0 \bmod 9\,, \quad 1^2 \equiv 1 \bmod 9\,, \quad 2^2 \equiv 4 \bmod 9\,, \\ &3^2 \equiv 9 \equiv 0 \bmod 9\,, \quad 4^2 \equiv 16 \equiv 7 \bmod 9\,, \\ &\text{also ist} \quad QR_9 = \{0, 1, 4, 7\} \end{aligned} \tag{12.9}$$

Für QR_{16} genügt es, die Quadrate für $r = 0, \ldots, 8$ zu berechnen.

$$\begin{aligned} &0^2 \equiv 0 \bmod 16\,, \quad 1^2 \equiv 1 \bmod 16\,, \quad 2^2 \equiv 4 \bmod 16\,, \\ &3^2 \equiv 9 \bmod 16\,, \quad 4^2 \equiv 16 \equiv 0 \bmod 16\,, \quad 5^2 \equiv 25 \equiv 9 \bmod 16 \\ &6^2 \equiv 36 \equiv 4 \bmod 16\,, \quad 7^2 \equiv 49 \equiv 1 \bmod 16\,, \quad 8^2 \equiv 64 \equiv 0 \bmod 16\,, \\ &\text{also ist} \quad QR_{16} = \{0, 1, 4, 9\} \end{aligned} \tag{12.10}$$

Man beachte: Obwohl $16 > 10$ ist, ist die Menge QR_{16} kleiner als QR_{10}.

h) Es sei $r \in QR_m$. Dann gibt es ein $z \in Z$, für das $z^2 \equiv r \bmod m$ gilt. Wegen $(-z)^2 = z^2$ können wir $z \geq 0$ wählen. Daraus folgt

$$(z+km)^2 \equiv z^2 + 2zkm + m^2 \equiv z^2 + 0 + 0 \equiv z^2 \equiv r \bmod m \qquad \text{für alle } k \in \mathbb{N} \tag{12.11}$$

Da $(z + km)$ für wachsendes k immer größer wird, gibt es unendlich viele Quadratzahlen, die kongruent r modulo m sind. Damit ist die Aussage bewiesen.

Nach den Vorarbeiten sollte der alte MaRT-Fall nicht mehr allzu schwierig sein.

i) (alter MaRT-Fall) Wir nutzen die gleiche Beweisidee wie in c) und d), um zu beweisen, dass $7n + 3$ für keine natürliche Zahl n eine Quadratzahl sein kann.

Eine zusätzliche Schwierigkeit besteht darin, einen geeigneten Modul m zu finden. Es bietet sich an, $m = 7$ auszuprobieren, weil $7n \equiv 0 \bmod 7$ für alle $n \in \mathbb{N}$ ist. Die Menge QR_7 berechnet man wie in g): $0^2 \equiv 0 \bmod 7$, $1^2 \equiv 1 \bmod 7$, $2^2 \equiv 4 \bmod 7$, $3^2 \equiv 9 \equiv 2 \bmod 7$. Es ist also

$$7n + 3 \equiv 0 \cdot n + 3 \equiv 3 \bmod 7 \quad \text{und} \quad QR_7 = \{0, 1, 2, 4\} \tag{12.12}$$

Die Zahl 3 ist kein quadratischer Rest modulo 7, und deshalb kann es keine Quadratzahl der Form $7n + 3$ geben. Das hat die MaRT Emilia erklärt, und Emilia hat die (aussichtslose) Suche dann beruhigt aufgegeben.
Anmerkung: Der Wahl eines geeigneten Moduls m kommt entscheidende Bedeutung zu. Beispielsweise wären wir mit $m = 4$ nicht zum Ziel gekommen, weil für $n = 1, 2, 3, 4$ der Term $7n + 3$ alle möglichen Reste modulo 4 annimmt.

j) Es ist $7n + 1 \equiv 1 \bmod 7$, und alle natürlichen Zahlen, die kongruent 1 modulo 7 sind, sind von dieser Form (für ein $n \in \mathbb{N}_0$). Aus (12.12) wissen wir bereits, dass $1 \in QR_7$ ist. Die Behauptung folgt dann unmittelbar aus h).
Anmerkung: Den Beweis kann man auch direkt führen, ohne auf h) und i) zurückzugreifen: Es ist $36 = 6^2$ eine Quadratzahl, für die $36 \equiv 1 \bmod 7$ gilt. Die Menge $\{(6 + 7k)^2 \mid k \in \mathbb{N}_0\}$ enthält unendlich viele Quadratzahlen, deren 7er-Rest 1 ist.

Didaktische Anregung Zur Veranschaulichung von Teilaufgabe l) kann es hilfreich sein, wenn die Schüler dies an einem Whiteboard praktisch ausprobieren.

k) Für alle $y \in Z$ gilt $2y \equiv 2 \cdot y \equiv 0 \bmod 2$. Daraus folgt, dass modulo 2 Addieren und Subtrahieren gleichwertig sind, was z. B. in l) ausgenutzt wird:

$$x - y \equiv x - y + 2y \equiv x + y \bmod 2 \tag{12.13}$$

l) Zur Lösung der Aufgabe stellen wir zunächst eine Vorüberlegung an.
Vorüberlegung: Angenommen, es stehen noch $k \geq 2$ ganze Zahlen $b_1, \ldots, b_k$ auf dem Whiteboard. Wenn der nächste Schüler z. B. die Zahlen b_{k-1} und b_k durchstreicht und deren Differenz $b_{k-1} - b_k$ hinschreibt, stehen die Zahlen $b_1, \ldots, b_{k-2}, b_{k-1} - b_k$ auf dem Whiteboard (für $k = 2$ nur noch $b_{k-1} - b_k$). Gl. (12.13) besagt, dass wir $2b_k$ addieren dürfen, ohne dass dies die Summe modulo 2 ändert. Daraus folgt

$$b_1 + \cdots + b_{k-2} + b_{k-1} - b_k \equiv b_1 + \cdots + b_{k-2} + b_{k-1} - b_k + 2b_k \equiv \quad (12.14)$$
$$b_1 + \cdots + b_{k-2} + b_{k-1} + b_k \mod 2 \quad (12.15)$$

Folglich bleibt die Summe der Zahlen modulo 2 konstant, wenn man b_{k-1} und b_k durch $b_{k-1} - b_k$ ersetzt. Die gleiche Argumentation gilt, wenn der Schüler $b_k - b_{k-1}$ anschreibt oder zwei andere Zahlen als b_{k-1} und b_k auswählt.
Aus der Vorüberlegung folgt, dass die Summe der Zahlen, die auf dem Whiteboard stehen, modulo 2 die ganze Zeit konstant bleibt, während die 11 Schüler nacheinander jeweils zwei Zahlen durch deren Differenz ersetzen. Bezeichnen wir mit z_1 die Zahl, die zum Schluss auf dem Whiteboard steht, so ist

$$z_1 \equiv 1 + 2 + \cdots + 11 + 12 \equiv 78 \equiv 0 \mod 2 \quad (12.16)$$

Die letzte Zahl z_1 ist also gerade, und die Aufgabe ist bewiesen.

Mathematische Ziele und Ausblicke
Die Modulo-Rechnung spielt in der Zahlentheorie eine wichtige Rolle (vgl. z. B. Menzer und Althöfer 2014) und wird in einführenden Universitätsvorlesungen zur Zahlentheorie gelehrt. Es existieren Verallgemeinerungen der Modulo-Rechnung über die ganzen Zahlen hinaus in allgemeineren algebraischen Strukturen. Die Modulo-Rechnung findet auch in der Kryptographie reichlich Anwendung, vor allem bei den sogenannten asymmetrischen Algorithmen. Das bekannteste Beispiel ist der RSA-Algorithmus.

Die Modulo-Rechnung wird im Mathematikunterricht normalerweise nicht behandelt. Sie ist aber für viele Aufgaben in Mathematikwettbewerben äußerst nützlich. Beispielhaft sei auf Aufgaben der Mathematik-Olympiaden (Mathematik-Olympiaden e. V. 1996–2016, 2017–2020) (z. B. 591213, 520844, 471034, 440932, 440944, 371335, 360832) und des Bundeswettbewerbs Mathematik (Specht et al. 2020) (z. B. 2014, 2. Runde, 1. Aufgabe; 2017, 1. Runde, 4. Aufgabe) verwiesen. Im Hinblick auf Mathematikwettbewerbe, aber auch wegen der vielfältigen Anwendungsmöglichkeiten in der Zahlentheorie, von denen Kap. 5 und 6 einen ersten Eindruck vermitteln, haben wir die Modulo-Rechnung in diesem *essential*-Band erneut aufgegriffen und im Vergleich zu den „Mathematischen Geschichten II“ (Schindler-Tschirner und Schindler 2019b, Kap. 6 und 7), deutlich vertieft.

Musterlösung zu Kap. 7 13

Im letzten Aufgabenkapitel dreht sich alles um Zahlensysteme, genauer gesagt, um Stellenwertsysteme. Die letzten Teilaufgaben greifen zudem Themen aus den vorangegangenen Aufgabenkapiteln auf.

Didaktische Anregung Stellenwertsysteme dürften allen Kursteilnehmern aus dem Unterricht bekannt sein. Die Teilaufgaben a) und b) dienen der Auffrischung. Während das Vorgehen in a) und b) eher ‚straight-forward' ist, wird in c) und d) ein systematisches Verfahren gewählt, das in Kap. 7 von Mentor Hanno erklärt wurde. Bei Bedarf kann der Kursleiter weitere Aufgaben dieses Typs stellen.

a) Es ist

$$63 = 1 \cdot 2^5 + 1 \cdot 2^4 + 1 \cdot 2^3 + 1 \cdot 2^2 + 1 \cdot 2^1 + 1, \text{ also } 63 = (111111)_2 \quad (13.1)$$

$$64 = 1 \cdot 2^6, \text{ also } 64 = (1000000)_2 \quad (13.2)$$

$$65 = 1 \cdot 2^6 + 1, \text{ also } 65 = (1000001)_2 \quad (13.3)$$

b) Es ist

$$53 = 1 \cdot 7^2 + 0 \cdot 7 + 4, \text{ also } 53 = (104)_7 \quad (13.4)$$

$$53 = 6 \cdot 8 + 5, \text{ also } 53 = (65)_8 \quad (13.5)$$

$$53 = 5 \cdot 9 + 8, \text{ also } 53 = (58)_9 \quad (13.6)$$

c) Eine fortgesetzte Division durch die Basis 2 mit Rest liefert die gesuchte Darstellung von 275 im 2er-System.

S. Schindler-Tschirner und W. Schindler, *Mathematische Geschichten IV – Euklidischer Algorithmus, Modulo-Rechnung und Beweise,* essentials,
https://doi.org/10.1007/978-3-658-33925-8_13

$$
\begin{aligned}
&275 = 2\cdot 137+1, \quad \text{also } b_0 = 1, \quad 137 = 2\cdot 68+1, \quad \text{also } b_1 = 1 &(13.7)\\
&68 = 2\cdot 34+0, \quad \text{also } b_2 = 0, \quad 34 = 2\cdot 17+0, \quad \text{also } b_3 = 0 &(13.8)\\
&17 = 2\cdot 8+1, \quad \text{also } b_4 = 1, \quad 8 = 2\cdot 4+0, \quad \text{also } b_5 = 0 &(13.9)\\
&4 = 2\cdot 2+0, \quad \text{also } b_6 = 0, \quad 2 = 2\cdot 1+0, \quad \text{also } b_7 = 0 &(13.10)\\
&1 = 1, \quad \text{also } b_8 = 1, \quad \text{insgesamt: } 275 = (100010011)_2 &(13.11)
\end{aligned}
$$

d) Wie in c) erhält man schrittweise die 7-adische Darstellung von 452, wobei man jetzt durch 7 (anstatt durch 2) teilen muss.

$$
\begin{aligned}
&452 = 7\cdot 64+4, \quad \text{also } b_0 = 4, \quad 64 = 7\cdot 9+1, \quad \text{also } b_1 = 1 &(13.12)\\
&9 = 7\cdot 1+2, \quad \text{also } b_2 = 2, \quad 1 = 1, \quad \text{also } b_3 = 1 &(13.13)\\
&\text{insgesamt: } 452 = (1214)_7 &(13.14)
\end{aligned}
$$

In e) wird der erste Beweis in diesem Kapitel geführt.

e) Erfüllt n die Bedingung (i), so existieren $k \in \mathbb{N}$ und Ziffern $b_{k-1}, \ldots, b_t$, für die

$$
\begin{aligned}
n = \; &(b_{k-1}\ldots b_t 0\ldots 0)_2 = b_{k-1}g^{k-1} + \cdots + b_t g^t = &(13.15)\\
&g^t(b_{k-1}g^{k-1-t} + \cdots + b_t \cdot 1) &(13.16)
\end{aligned}
$$

gilt. Daher ist n durch g^t teilbar und erfüllt damit auch die Bedingung (ii). Erfüllt n umgekehrt die Bedingung (ii), so ist $n = g^t a$ für eine Zahl $a \in \mathbb{N}_0$. Dann ist $a = (b'_{\ell-1}\ldots b'_0)_2$ für geeignete $\ell, b_{\ell-1}, \ldots, b_0$. Dann ist $n = (b'_{\ell-1}\ldots b'_0 0\ldots 0)_2$ (mit t Nullen am Ende), und n erfüllt Bedingung (i). Damit ist gezeigt, dass die Bedingungen (i) und (ii) gleichwertig sind.

In f) werden Zahlen aus dem 16er-System in das 2er-System und in g) aus dem 2er-System in das 16er-System umgewandelt. Dafür könnte man das allgemeine Verfahren nutzen, das in den Teilaufgaben c) und d) angewandt wurde. Allerdings geht dies hier noch einfacher. Die in den Teilaufgaben angegebenen Umrechnungsregeln („Tipps“) werden im Folgenden nicht bewiesen.

f) Folgt man dem Tipp aus der Aufgabenstellung, erhält man (z. B. mit Tab. 7.1) ohne größere Mühe

$$(\mathrm{A86D})_{16} = (1010100001101101)_2 \tag{13.17}$$

$$(\mathrm{FFF})_{16} = (111111111111)_2 \tag{13.18}$$

g) Wir verwenden den angegebenen Tipp. Der Übersichtlichkeit halber fügen wir Trennstriche zwischen den 4er-Blöcken ein.

$$(10|0111|0111)_2 = (277)_{16} \tag{13.19}$$

$$(11|0000|0001|1101)_2 = (301\mathrm{D})_{16} \tag{13.20}$$

Didaktische Anregung Die Rechenaufgaben in h) illustrieren einmal mehr die Systematik von Stellenwertsystemen. Der Kursleiter sollte die einzelnen Schritte besprechen, die Analogien zum wohlbekannten Zehnersystem aufzeigen und ggf. weitere Rechenaufgaben stellen.

h) In (13.21) werden alle vier Rechenaufgaben gelöst. Wir gehen auf einige zentrale Punkte ein. Die erste Addition beginnt in der letzten Spalte mit der Berechnung von $(1)_2 + (1)_2 = (10)_2$. Die 0 ist die Einerziffer der Summe, während die 1 den Übertrag in der nächsten Spalte („Zweier") darstellt. Dieses Vorgehen setzt man nach links fort. Bei der Subtraktionsaufgabe ist die Einerziffer unproblematisch: $(2)_4 - (1)_4 = (1)_4$. In der zweiten Spalte („Vierer") steht $(1)_4 - (3)_4$. Analog zum 10er-System rechnet man $(1)_4 + (10)_4 - (3)_4 = (2)_4$, was den Übertrag von $(1)_4$ in der nächsten Spalte („Sechzehner") bedingt. Bei der Multiplikationsaufgabe rechnet man in der zweiten Zeile zunächst $(3)_7 \cdot (5)_7 = (21)_7$ (Übertrag: $(2)_7$), was schließlich $(5)_7 \cdot (5)_7 + (2)_7 = (36)_7$ ergibt. Bei der abschließenden Addition der beiden Zeilen treten keine besonderen Schwierigkeiten auf.

$$
\begin{array}{r}
(1\,0\,1\,1\,)_2 \\
+\ \ (1\,0\,0\,1\,)_2 \\
{\scriptstyle 1\quad\ 1\ \ 1\quad} \\ \hline
(1\,0\,1\,0\,0\,)_2
\end{array}
\qquad
\begin{array}{r}
(2\,1\,1\,2\,)_4 \\
-\,(1\,0\,3\,1\,)_4 \\
{\scriptstyle 1\qquad} \\ \hline
(1\,0\,2\,1\,)_4
\end{array}
\qquad
\begin{array}{l}
\underline{(\,5\,3\,)_7\ \cdot\ (\,2\,5\,)_7} \\
(\,1\,3\,6\quad)_7 \\
(\quad 3\,6\,1\,)_7 \\
{\scriptstyle \ \ 1\ 1} \\ \hline
(\,2\,0\,5\,1\,)_7
\end{array}
$$

$$
\begin{array}{r}
(\,\mathrm{A\,F\,F\,E}\,)_{16} \\
+\ \ (\quad \mathrm{B\,A\,D}\,)_{16} \\
{\scriptstyle 1\ \ 1\ \ 1\qquad} \\ \hline
(\,\mathrm{B\,B\,A\,B}\,)_{16}
\end{array}
\tag{13.21}
$$

Didaktische Anregung Teilaufgabe i) beschreibt den alten MaRT-Fall. Die Teilaufgaben j) bis m) verbinden Stellenwertsysteme mit Themen aus den vorangegangenen Kapiteln. Diesen Aufgaben sollte genügend Zeit eingeräumt werden, da sie auch der Wiederholung dienen.

i) (alter MaRT-Fall) Weil 56 um 1 kleiner als 57 ist, endet 57 genau dann mit einer 1, falls 56 die Einerziffer 0 hat. Das bedeutet: Es ist $57 = (b_{k-1} \dots b_1 1)_g$, also $57 = b_{k-1} \cdot g^{k-1} + \dots + b_1 \cdot g + 1$, genau dann, wenn

$$56 = b_{k-1} \cdot g^{k-1} + \dots + b_1 \cdot g + 0 = g\left(b_{k-1} \cdot g^{k-2} + \dots + b_1\right) \quad (13.22)$$

Die Basen der gesuchten Stellenwertsysteme sind also die Teiler von 56, die größer als 1 sind. Das heißt: 57 hat die Einerziffer 1, falls $g \in \{2, 4, 7, 8, 14, 28, 56\}$. Beispielsweise ist $57 = (321)_4 = (111)_7$.

j) Wendet man Teilaufgabe e) auf $(g, t) = (6, 2)$ und $(g, t) = (8, 1)$ an, so folgt, dass eine natürliche Zahl n genau dann im 6er-System mit mindestens zwei Nullen und im 8er-System mit mindestens einer Null endet, falls n durch $6^2 = 36$ und durch 8 teilbar ist. Das ist genau dann der Fall, wenn n durch $\text{kgV}(36, 8) = \text{kgV}(2^2 \cdot 3^2, 2^3) = 2^3 \cdot 3^2 = 72$ teilbar ist. Mit anderen Worten: Die gesuchten Zahlen sind die Vielfachen von 72, die zwischen 100 und 500 liegen, also $\{2 \cdot 72, \dots, 6 \cdot 72\}$. Das sind 5 Zahlen.

k) Der Beweis dieser Teilbarkeitsregel funktioniert wie der Beweis der Teilbarkeitsregel für die Zahl 9 im 10er-System (vgl. Kap. 5, Teilaufgabe h)). Der einzige Unterschied besteht darin, dass n hier im 7er-System dargestellt ist. Zunächst ist

$$7^j \equiv 1^j \equiv 1 \bmod 6 \quad \text{für alle } j \in \mathbb{N} \quad (13.23)$$

Ist nun $n = (b_{k-1} \dots b_0)_7$, so folgt aus (13.23)

$$n = b_{k-1} \cdot 7^{k-1} + \dots + b_1 \cdot 7 + b_0 \equiv b_{k-1} \cdot 1 + \dots + b_1 \cdot 1 + b_0 \equiv b_{k-1} + \dots + b_1 + b_0 \bmod 6 \quad (13.24)$$

Damit ist die Teilbarkeitsregel bewiesen.

l) Es ist $n = b_{k-1} \cdot 2^{k-1} + \dots + b_2 \cdot 2^2 + 1 \cdot 2 + b_0$, wobei die Stellenanzahl k und $b_{k-1}, \dots, b_2, b_0$ unbekannt sind. Da alle 2er-Potenzen, deren Exponent ≥ 2 ist, durch 4 teilbar sind (also $\equiv 0 \bmod 4$)), erhalten wir zunächst

$$n = b_{k-1} \cdot 2^{k-1} + \dots + b_2 \cdot 2^2 + 1 \cdot 2 + b_0 \equiv 2 + b_0 \bmod 4 \quad (13.25)$$

Die unbekannte Zahl n besitzt also den 4er-Rest 2 oder 3. In Kap. 6, Teilaufgabe b), haben wir gezeigt, dass $QR_4 = \{0, 1\}$ ist. Daher kann n keine Quadratzahl sein.

m) Zum Nachweis, dass eine Zahl n keine Primzahl ist, genügt es, zwei natürliche Zahlen $k > 1$ und $m > 1$ zu bestimmen, für die $n = km$ ist. Für n_1 ist dies relativ einfach, und zwar ist $n_1 = 9 \cdot 11 \ldots 11$, wobei der rechte Faktor aus 2022 Einsen besteht.
Anmerkung: Auf die gleiche Weise kann man zeigen, dass z. B. auch $n_3 = (33\ldots33)_4 = 3 \cdot (11\ldots11)_4$ oder allgemein $n_4 = ((g-1)(g-1)\ldots(g-1)(g-1))_g = (g-1) \cdot (11\ldots11)_g$ keine Primzahlen sind, falls $g > 2$ ist. Für die Basis $g = 2$ funktioniert dies nicht, da $2 - 1 = 1$ ist. Allerdings führt hier die dritte binomische Formel zum Ziel:

$$n_2 = (11\ldots11)_2 = 2^{2022} - 1 = \left(2^{1011} + 1\right)\left(2^{1011} - 1\right) \tag{13.26}$$

Anmerkung: (i) Der Lösungsansatz (13.26) funktioniert auch für n_1, n_3 und n_4.
(ii) Alternativ könnte man n_2 in das 4er-System überführen. Das funktioniert wie die Umwandlung in das 16er-System, wobei hier jeweils 2-Bitblöcke der Binärdarstellung in das 4er-System umgewandelt werden. Es ist $n_2 = (33\ldots33)_4$ (insgesamt 1011 Dreien), und damit $n_2 = 3 \cdot (11\ldots11)_4$.

Mathematische Ziele und Ausblicke

In Kap. 7 wurde bereits die große Bedeutung des Binärsystems (2er-System) und des Hexadezimalsystems (16er-System) in der Informatik hervorgehoben. Daher sind Stellenwertsysteme auch Bestandteil von einführenden Informatikvorlesungen. Das 2er-System wird auch in der Kryptographie benötigt. Beim weitverbreiteten RSA-Algorithmus wird eine (sehr große) Basis mit einem (sehr großen) Exponenten modulo einer (sehr großen) Zahl potenziert. Das gelingt nicht in einem Schritt. Stattdessen wird der Exponent üblicherweise im 2er-System dargestellt, wobei die einzelnen Ziffern oder kleine Ziffernblöcke sukzessiv „abgearbeitet“ werden.

Was Sie aus diesem *essential* mitnehmen können

Dieses Buch stellt sorgfältig ausgearbeitete Lerneinheiten mit ausführlichen Musterlösungen für eine Mathematik-AG für begabte Schülerinnen und Schüler in der Unterstufe bereit. In sechs mathematischen Kapiteln haben Sie

- den Euklidischen Algorithmus kennengelernt und angewendet.
- mit binomischen Formeln Minima und Maxima von quadratischen Termen bestimmt und spezielle Gleichungen mit zwei Unbekannten gelöst.
- mit Hilfe der Modulo-Rechnung Teilbarkeitsregeln bewiesen und Fragestellungen zu Quadratzahlen beantwortet.
- mit verschiedenen Stellenwertsystemen gearbeitet und damit verbundene Fragestellungen behandelt.
- gelernt, dass in der Mathematik Beweise notwendig sind, und Sie haben Beweise in unterschiedlichen Anwendungskontexten selbst geführt.

S. Schindler-Tschirner und W. Schindler, *Mathematische Geschichten IV – Euklidischer Algorithmus, Modulo-Rechnung und Beweise*, essentials,
https://doi.org/10.1007/978-3-658-33925-8

Literatur

Amann, F. (1993). Mathematik im Wettbewerb. Beispiele aus der Praxis. Stuttgart: Klett.
Amann, F. (2017). Mathematikaufgaben zur Binnendifferenzierung und Begabtenförderung. 300 Beispiele aus der Sekundarstufe I. Wiesbaden: Springer Spektrum.
Ballik, T. (2012). Mathematik-Olympiade. Brunn am Gebirge: Ikon.
Bardy, T. & Bardy, P. (2020). Mathematisch begabte Kinder und Jugendliche. Theorie und (Förder-)Praxis. Berlin: Springer Spektrum.
Bauersfeld, H. & Kießwetter, K. (Hrsg.) (2006). Wie fördert man mathematisch besonders befähigte Kinder? – Ein Buch aus der Praxis für die Praxis. Offenburg: Mildenberger.
Beutelspacher, A. (2020). Null, unendlich und die wilde 13. Die wichtigsten Zahlen und ihre Geschichten (2. Aufl.). München: Beck.
Beutelspacher, A. & Wagner, M. (2010). Wie man durch eine Postkarte steigt ...und andere mathematische Experimente (2. Aufl.). Freiburg im Breisgau: Herder.
Bruder, R., Hefendehl-Hebeker, L., Schmidt-Thieme, B., Weigand, H.-G. (Hrsg.) (2015). Handbuch der Mathematikdidaktik. Berlin: Springer Spektrum.
Crilly, T. (2009). 50 Schlüsselideen Mathematik. Heidelberg: Springer Spektrum.
Daems, J. & Smeets, I. (2016). Mit den Mathemädels durch die Welt. Berlin: Springer.
Engel, A. (1998). Problem-Solving Strategies. New York: Springer.
Enzensberger, H. M. (2018). Der Zahlenteufel. Ein Kopfkissenbuch für alle, die Angst vor der Mathematik haben (3. Aufl.). München: dtv.
Fritzlar, T., Rodeck, K. & Käpnick, F. (Hrsg.) (2006). Mathe für kleine Asse. Empfehlungen zur Förderung mathematisch begabter Schülerinnen und Schüler im 5. und 6. Schuljahr. Berlin: Cornelsen.
Glaeser, G. (2014). Geometrie und ihre Anwendungen in Kunst, Natur und Technik (3. Aufl.). Wiesbaden: Springer Spektrum.
Glaeser, G., Polthier, K. (2014). Bilder der Mathematik (2. Aufl.). Berlin: Springer Spektrum.
Goldsmith, M. (2013). So wirst du ein Mathe-Genie. München: Dorling Kindersley.
Gritzmann, P., Brandenberg, R. (2005). Das Geheimnis des kürzesten Weges. Ein mathematisches Abenteuer. (3. Aufl.). Berlin: Springer.
Haftendorn, D., (2019). Mathematik sehen und verstehen. Werkzeuge des Denkens und Schlüssel zur Welt. (3. Aufl.). Berlin: Springer Spektrum.

S. Schindler-Tschirner und W. Schindler, *Mathematische Geschichten IV – Euklidischer Algorithmus, Modulo-Rechnung und Beweise,* essentials,
https://doi.org/10.1007/978-3-658-33925-8

Institut für Mathematik der Johannes-Gutenberg-Universität Mainz, Monoid-Redaktion (Hrsg.) (1981–2021). Monoid – Mathematikblatt für Mitdenker. Mainz: Institut für Mathematik der Johannes-Gutenberg-Universität Mainz, Monoid-Redaktion.

Jainta, P., Andrews, L., Faulhaber, A., Hell, B., Rinsdorf, E. & Streib, C. (2018). Mathe ist noch mehr. Aufgaben und Lösungen der Fürther Mathematik-Olympiade 2012–2017. Wiesbaden: Springer Spektrum.

Jainta, P. & Andrews, L. (2020a). Mathe ist noch viel mehr. Aufgaben und Lösungen der Fürther Mathematik-Olympiade 1992–1999. Berlin: Springer Spektrum.

Jainta, P. & Andrews, L. (2020b). Mathe ist wirklich noch viel mehr. Aufgaben und Lösungen der Fürther Mathematik-Olympiade 1999–2006. Berlin: Springer Spektrum.

Käpnick, F. (2014). Mathematiklernen in der Grundschule. Wiesbaden: Springer Spektrum.

Krutetski, V. A. (1968). The psychology of mathematical abilities in schoolchildren. Chicago: Chicago Press.

Krutezki, W. A. (1968). Altersbesonderheiten der Entwicklung mathematischer Fähigkeiten bei Schülern. Mathematik in der Schule, 8, 44–58.

Leiken, R., Koichu, B. & Berman, A. (2009). Mathematical giftedness as a quality of problem solving acts. In Leiken, R. et al. (Hrsg.), Creativity in mathematics and the education of gifted students (S. 115–227). Rotterdam, Boston, Taipei: Sense Publishers.

Löh, C., Krauss, S. & Kilbertus, N. (Hrsg.) (2019). Quod erat knobelandum. Themen, Aufgaben und Lösungen des Schülerzirkels Mathematik der Universität Regensburg (2. Aufl.). Berlin: Springer Spektrum.

Mathematik-Olympiaden e.V. Rostock (Hrsg.) (1996–2016). Die 35. Mathematik-Olympiade 1995 / 1996 – die 55. Mathematik-Olympiade 2015 / 2016. Glinde: Hereus.

Mathematik-Olympiaden e.V. Rostock (Hrsg.) (2017–2020). Die 56. Mathematik-Olympiade 2016 / 2017 – die 59. Mathematik-Olympiade 2019 / 2020. Adiant Druck, Rostock.

Meier, F. (Hrsg.) (2003). Mathe ist cool! Junior. Eine Sammlung mathematischer Probleme. Berlin: Cornelsen.

Menzer, H & Althöfer, I. (2014). Zahlentheorie und Zahlenspiele: Sieben ausgewählte Themenstellungen (2. Aufl.). München: De Gruyter Oldenbourg.

Müller, E. & Reeker, H. (2001). Mathe ist cool!. Eine Sammlung mathematischer Probleme. Berlin: Cornelsen.

Noack, M, Unger, A., Geretschläger, R. & Stocker, H. (Hrsg.) (2014). Mathe mit dem Känguru 4. Die schönsten Aufgaben von 2012 bis 2014. München: Hanser.

Schiemann, St. & Wöstenfeld, R. (2017). Die Mathe-Wichtel. Band 1. Humorvolle Aufgaben mit Lösungen für mathematisches Entdecken ab der Grundschule (2. Aufl.). Wiesbaden: Springer Spektrum.

Schiemann, St. & Wöstenfeld, R. (2018). Die Mathe-Wichtel. Band 2. Humorvolle Aufgaben mit Lösungen für mathematisches Entdecken ab der Grundschule (2. Aufl.). Wiesbaden: Springer Spektrum.

Schindler-Tschirner, S. & Schindler, W. (2019a). Mathematische Geschichten I – Graphen, Spiele und Beweise. Für begabte Schülerinnen und Schüler in der Grundschule. Wiesbaden: Springer Spektrum.

Schindler-Tschirner, S. & Schindler, W. (2019b). Mathematische Geschichten II – Rekursion, Teilbarkeit und Beweise. Für begabte Schülerinnen und Schüler in der Grundschule. Wiesbaden: Springer Spektrum.

Schindler-Tschirner, S. & Schindler, W. (2021). Mathematische Geschichten III – Eulerscher Polyedersatz, Schubfachprinzip und Beweise. Für begabte Schülerinnen und Schüler in der Unterstufe. Wiesbaden: Springer Spektrum.

Schülerduden Mathematik I – Das Fachlexikon von A-Z für die 5. bis 10. Klasse (2011) (9. Aufl.). Mannheim: Dudenverlag.

Schülerduden Mathematik II – Ein Lexikon zur Schulmathematik für das 11. bis 13. Schuljahr (2004) (5. Aufl.). Mannheim: Dudenverlag.

Singh, S. (2001). Fermats letzter Satz. Eine abenteuerliche Geschichte eines mathematischen Rätsels. (6. Aufl.). München: dtv.

Specht, E. , Quaisser, E. & Bauermann, P. (Hrsg.) (2020). 50 Jahre Bundeswettbewerb Mathematik. Die schönsten Aufgaben. Berlin: Springer Spektrum

Strick, H. K. (2017). Mathematik ist schön: Anregungen zum Anschauen und Erforschen für Menschen zwischen 9 und 99 Jahren. Heidelberg: Springer Spektrum.

Strick, H. K. (2018). Mathematik ist wunderschön: Noch mehr Anregungen zum Anschauen und Erforschen für Menschen zwischen 9 und 99 Jahren. Berlin: Springer Spektrum.

Strick, H.K. (2020a). Mathematik ist wunderwunderschön. Berlin: Springer Spektrum.

Strick, H.K. (2020b). Mathematik – einfach genial! Bemerkenswerte Ideen und Geschichten von Pythagoras bis Cantor. Berlin: Springer Spektrum.

Ulm, V. & Zehnder, M. (2020). Mathematische Begabung in der Sekundarstufe. Modellierung, Diagnostik, Förderung. Berlin: Springer Spektrum.

Unger, A., Noack, M., Geretschläger, R., Akveld, M. (Hrsg.) (2020). Mathe mit dem Känguru 5. 25 Jahre Känguru-Wettbewerb: Die interessantesten und schönsten Aufgaben von 2015 bis 2019. München: Hanser.

Verein Fürther Mathematik-Olympiade e.V. (Hrsg.) (2013). Mathe ist mehr. Aufgaben aus der Fürther Mathematik-Olympiade 2007–2012. Hallbergmoos: Aulis.

Printed in the United States
by Baker & Taylor Publisher Services